गणित का इतिहास व चित्रावली

डॉ. ब्रज मोहन

D1831321

वाणी प्रकाशन

वाणी प्रकाशन

4695, 21-ए, दरियागंज, नयी दिल्ली 110 002

फ़ोन : +91 11 23273167 फ़ैक्स : +91 11 23275710

शाखाएँ

अशोक राजपथ, पटना 800 004, बिहार

कॉफ़ी हाउस कैम्पस, महात्मा गांधी मार्ग, इलाहाबाद 211 001, उत्तर प्रदेश

महात्मा गांधी अन्तरराष्ट्रीय हिन्दी विश्वविद्यालय, वर्धा 442 001, महाराष्ट्र

सुल्तानिया रोड, मोतिया पार्क, भोपाल 462 001, मध्य प्रदेश

www.vaniprakashan.com
marketing@vaniprakashan.in
sales@vaniprakashan.in

GANIT KA ITIHAS WA CHITRAWALI
by Dr. Brij Mohan

ISBN : 978-93-89915-40-2
Mathematics

© लेखकाधीन

प्रथम संस्करण 2003
द्वितीय संस्करण 2020

मूल्य : ₹ 200

इस पुस्तक के किसी भी अंश को किसी भी माध्यम में प्रयोग करने के लिए प्रकाशक से लिखित अनुमति लेना अनिवार्य है।

सिटी प्रेस, दिल्ली-110 095 में मुद्रित

वाणी प्रकाशन का लोगो मक़बूल फ़िदा हुसेन की कूची से

प्रकाशक की ओर से

डॉ0 ब्रजमोहन हिन्दी साहित्य के साथ-साथ गणित विषय पर अधिकारी विद्वान रहे हैं। हिन्दी भाषा साहित्य और व्याकरण पर गहरी पेठ के साथ-साथ गणित के लगभग सभी संदर्भों पर गंभीर और महत्त्वपूर्ण पुस्तकों के रचयिता हैं।

डॉ0 ब्रजमोहन ने गणित जैसे गंभीर विषयों को बारीकियों से किन्तु सरलतापूर्वक और गणित के गंभीर और सामान्य पाठकों के लिए **शुद्ध गणित की पाठ चर्चा, सरल गणित-ज्यामिति, गणितिय कोश, गणित का इतिहास-चित्रावली, गणित का इतिहास** आदि पुस्तकें तैयार की हैं।

हिन्दी भाषा में पहली बार **गणित का इतिहास** चित्रों के माध्यम से भारतीय और विश्व प्रसिद्ध गणितज्ञ के चित्र और उनके परिचय इस पुस्तक में दिये गये हैं। साथ ही विश्वभर में सांख्य पद्धतियाँ, सांख्य शब्द चित्रों और लिपियों के माध्यम से पुस्तक में पहली बार दर्शाये गये हैं। यूरोपीय भाषा, लोशु आकृति, भाज्य हस्तलिपियाँ, भक्षाली हस्तलिपि, जापानी मायावर्ग, जापान का ही पास्कल त्रिभुज आदि का इस पुस्तक में विस्तारपूर्वक चित्र व वर्णन किया गया है। साथ ही विश्व प्रसिद्ध गणितज्ञ (भारत व विदेशी) के चित्र व उनके बारे में संक्षिप्त जानकारी भी इसी पुस्तक में उपलब्ध है। प्रकाशक की ओर से यह हमारा हिन्दी भाषा जगत में पहला प्रयास है। उम्मीद्र है, पाठक इसे पसंद करेंगे।

अनुक्रम

गणित के इतिहासज्ञ

(1) आदि काल

यों तो जब कोई इतिहासकार किसी देश की सभ्यता और संस्कृति का इतिहास लिखता है, यदि उस देश का गणितीय कार्य श्लाघनीय होता है, तो उसका उल्लेख भी करता ही है। किन्तु यहाँ हमारा तात्पर्य केवल उन इतिहासज्ञों से है जिन्होंने विशेष रूप से गणित का ही इतिहास लिखा है। साधारणतः कोई इतिहासज्ञ ही गणित का इतिहास लिखेगा, किन्तु यह आवश्यक नहीं है कि कोई गणित का इतिहासज्ञ एक महान् गणितज्ञ ही हो। इसके विपरीत बहुधा यह देखा जाता है कि किसी देश के चोटी के गणितज्ञ इतिहास में रुचि नहीं लेते, और जो गणितज्ञ इतिहास लिखने में सिद्धहस्त होते हैं, गणित को उनकी देन नगण्य रहती है।

संसार में गणित के इतिहासज्ञों में सर्वप्रथम कौन था, यह कहना कठिन है। किन्तु लिखित अभिलेखों से तो ऐसा प्रतीत होता है कि सबसे पहला इतिहास लेखक जेंमिनस (Geminus) था। यह ईजियन सागर (Aegian Sea) के र्‌होड्स (Rhodes) नामक टापू का निवासी था और इसका जीवन काल 77 ई. पू. के आसपास था। इसकी एक ही पुस्तक प्राप्य है–फ़ेनॉमेना (Phenomena) जिसका मुद्रक सबसे सबसे ग्रीक और लैटिन में 1590 में हुआ था। इसने गणित को दो वर्गों में विभाजित किया था–

(1) शुद्ध गणित–अंकगणित और ज्यामिति।

(2) प्रयोजित गणित–ज्योतिष, यान्त्रिकी, चाक्षुषी, भूमिति आदि।

उसी समय का एक अन्य नाम उल्लेखनीय है : डायोडोरस (Diodorus) का। यह सिसिली का निवासी था और इसका जीवन काल ईसवी शती से तुरन्त पहले था। इसने इतिहास पर चालीस पुस्तकें लिखी हैं। इसकी शैली भले ही आकर्षक न हो किन्तु उससे उक्त काल के गणित पर अच्छा प्रकाश पड़ता है।

शताब्दियों के पश्चात् वाल्टर बर्ले (¡lter Burley) का नाम आता है। इसके जीवन काल का ठीक-ठाक पता नहीं है। इतना ज्ञात है कि इसका जन्म ऑक्सफ़ोर्ड में 1275 ई. के आसपास हुआ था। इसने दार्शनिकों और कवियों की एक जीवनी लिखी थी। उक्त पुस्तक सर्वप्रथम कब और कहाँ प्रकाशित हुई यह तो पता नहीं

है किन्तु इतना पता है कि उसका एक संस्करण कोलोन (Cologne) से 1467 ई. के लगभग प्रकाशित हुआ था। यह ग्रन्थ इतना लोकप्रिय हुआ कि 1501 तक इसके चौदह संस्करण निकल गये। इसे गणित का इतिहास तो नहीं कह सकते किन्तु इसमें यूनान के गणितज्ञों के जीवन चरित्र पर भी टिप्पणियाँ दी गयी थीं।

(2) सोलहवीं, सत्रहवीं और अट्ठारहवीं शताब्दियाँ

बर्नार्डिनो बाल्डी (Bernardino Baldi) (1553-1617) इटली का गणितज्ञ और विविध लेखक था। यह उर्बिनो (Urbino) का निवासी था। इसकी रुचि चतुर्मखी थी। इसके प्रिय विषय थे—गणित, भूगोल, धर्मशास्त्र, इतिहास, पुरातत्त्व आदि। इसके अतिरिक्त यह कविता भी कर लेता था। सब मिलाकर इसने सौ पुस्तकें लिखीं जिनमें से अधिकांश अप्रकाशित ही रह गयीं। इसकी सबसे प्रसिद्ध पुस्तक क्रॉनिका (Cronica) थी जिस पर इसने बारह वर्ष परिश्रम किया। इसका विचार इसमें 200 गणितज्ञों के जीवन चरित्र देने का था। उक्त ग्रन्थ का संक्षिप्त संस्करण 1707 में उर्बिनो में प्रकाशित हुआ।

जॉन वालिस की बीजगणित की पुस्तक का उल्लेख हम एक पिछले परिच्छेद में कर चुके हैं। उक्त पुस्तक में केवल बीजगणितीय सिद्धान्त ही नहीं थे, वरन् बीजगणित सम्बन्धी बहुत-सी ऐतिहासिक सामग्री भी थी। यह कहने में अत्युक्ति नहीं होगी कि इंग्लैण्ड में गणित के इतिहास का अध्ययन इसी ग्रन्थ से आरम्भ हुआ।

'गणित का इतिहास' नाम की पहली पुस्तक हीलब्रॉनर की लिखी हुई थी। इसका पूरा नाम जॉन क्रिस्टफ़ हीलब्रॉन (John Christoff Heilbronner) था। यह एक जर्मन गणितज्ञ था जिसका जीवन काल 1706-47 था। इसके गणित के इतिहास का आज भी महत्त्व है क्योंकि उसमें समस्त गणितीय पुस्तकों और हस्तलिपियों की सूची दी हुई है जो उस समय प्राप्य थीं।

अब्राहम गॉथेल्फ़ कास्नर (Abraham Gotthelf Kastner) (1719-1800) भी एक जर्मन गणितज्ञ था। यह 1739 में लाइपज़िग में और 1756 में गटिंगन में गणित का प्राध्यापक नियुक्त हुआ। उन दिनों गटिंगन में गाउस एक विद्यार्थी था। कास्नर के सहयोगी इसे एक महानू गणितज्ञ और एक उच्च कोटि का कवि समझते थे किन्तु भला गाउस को इससे क्या सीखना था। तथापि कास्नर के विषय में गाउस कहा करता था कि यह "कवियों में पहला गणितज्ञ है और गणितज्ञों में पहला कवि।" मतलब यह कि गाउस इसका बड़ा सत्त्रान करता था।

जीन ऐटियेन मॉन्टूक्ला (Jean Etienne Montucla) (1725-99) का नाम विशेष उल्लेखनीय है। यह एक फ्रांसीसी गणितज्ञ था और लियॉन्स (Lyons) का निवासी था। 1758 में इसने एक गुमनाम ग्रन्थ लिखा जिसका विषय था 'वृत्त वर्गण सम्बन्धी गवेषणाओं का इतिहास।' चार वर्ष पश्चात् इसने अपने गणित के इतिहास

का पहला भाग प्रकाशित किया। ढंग से लिखा हुआ गणित का यह पहला ही इतिहास था। कुछ समय पश्चात् इसका दूसरा भाग भी प्रकाशित हुआ और 1799 में दोनों भागों का दूसरा संस्करण निकल गया। 1778 में मॉन्टूक्ला ने जॅक ओज़ानम (Jacques Ozanam) के 'गणितीय मनोरंजन' का पुनः सम्पादन किया। यह गणितीय इतिहास का तीसरा भाग तैयार कर रहा था जिसका थोड़ा-सा अंश छप भी चुका था कि इसका देहान्त हो गया। शेषांश को ज्यौतिषी जोजेफ़ जेरोम लः फ्रेंसॉस दः ललान्दे (Joseph Jerome le Francois de Lalande) ने मुद्रित कराया। उक्त ज्यौतिषी ने तत्पश्चात् ज्यौतिषी के इतिहास पर भी एक पुस्तक लिखी।

चार्ल्स बोसुट (Charles Bossut) (1730-1814) भी फ्रांस का ही निवासी था। इसकी विशेष रुचि पाठ्य पुस्तकें लिखने में थी किन्तु इसने गणित के इतिहास पर भी एक पुस्तक लिखी है जो महत्त्वपूर्ण है। यह ग्रन्थ दो भागों में पेरिस से 1802 में प्रकाशित हुआ था।

पीट्रो कोसाली (Pietro Cossali) का जन्म वेंरोना (Verona) में और मृत्यु पडुआ (Padua) में हुई थी। इसका जीवन काल 1748-1815 था। यह क्रमशः इटली के पर्मा (Parma) और पडुआ विश्वविद्यालयों में प्राध्यापक हुआ। इसकी सबसे प्रसिद्ध पुस्तक बीजगणित के इतिहास पर है जो पर्मा से दो भागों में 1717 में प्रकाशित हुई।

गणित के इतिहास के सम्बन्ध में चीन के युअन युअन का नाम भी उल्लेखनीय है। इसका जीवन काल 1764-1849 था। इसने गणितज्ञों और ज्यौतिषियों के जीवन चरित्र पर एक बृहत् ग्रन्थ लिखा है। पुस्तक का नाम चू जेन चुअन था और 1799 में प्रकाशित हुई थी। चीनी गणित के इतिहास पर कदाचित् सर्वोत्तम पुस्तक यही है।

(3) उन्नीसवीं शताब्दी

आइज़क टॉड्हण्टर (Issac Todhunter) (1820-84) एक अंग्रेज गणितज्ञ था। इसके पिता एक पादरी थे। इसकी शिक्षा लन्दन और केम्ब्रिज में हुई। आरम्भ में तो यह पेकहॅम (Peckham) के एक स्कूल में अध्यापक हो गया। अध्यापन कार्य के साथ ही साथ यह लन्दन के यूनिवर्सिटी कॉलिज की अपराह्न की कक्षाओं में भी जाया करता था। 1842 में यह लन्दन विश्वविद्यालय का स्नातक हुआ और दो वर्ष पश्चात् इसने केम्ब्रिज के सेण्ट जॉन्स कॉलिज में प्रवेश ले लिया। केम्ब्रिज में इसने स्मिथ पुरस्कार और बर्नी (Burney) पुरस्कार प्राप्त किये और तत्पश्चात् अपने ही कॉलिज में अधिसदस्य और व्याख्याता नियुक्त हो गया। लन्दन में यह डी मॉर्गन के सम्पर्क में आया और केम्ब्रिज में इसने पाठ्य पुस्तकें लिखनी आरम्भ कीं। 1862 में यह रॉयल सोसायटी का अधिसदस्य हो गया। 1871 में इसे एॅडेम्स (Adams) पुरस्कार

मिला और यह रॉयल सोसायटी की परिषद् का भी सदस्य बना।

टॉड्हण्टर भाषाविद् भी था, गणितज्ञ भी। इसने गणित की विभिन्न शाखाओं पर एक दर्जन से अधिक पुस्तकें लिखीं किन्तु इसकी विशेष ख्याति इसकी इतिहास सम्बन्धी पुस्तकों से हुई–

(1) 1861 : History of the Calculus of Variations.

(2) 1865 : History of the Mathematical Theory of Probability from the time of Pascal to that of Lagrange.

(3) 1873 : History of the Mathematical Theories of Attraction and Figure of the Earth from Newton to Laplace.

(4) The History of the Theory of Elasticity : इस ग्रन्थ को टॉड्हण्टर पूरा नहीं कर पाया। इसे उसकी मृत्यु के पश्चात् कार्ल पियर्सन ने 1886 में प्रकाशित किया।

जॉर्ज जॉन्स्टन ऑल्मॅन (George Johnston Allman) का जन्म 1824 में डबलिन में हुआ था। यह निस्सन्देह एक विद्वान् था। 1853 में यह गॅल्वे (Galway) के एक कॉलिज में गणित का प्राध्यापक नियुक्त हुआ। इसकी यह पुस्तक प्रसिद्ध हो गयी है–History of Greek Geometry from Thales to Euclid.

यह पुस्तक 1881 में डबलिन से प्रकाशित हुई। ऑल्मॅन ने उसमें लिखा है कि यूक्लिड की ज्यामिति में केवल भाग 10 यूक्लिड का लिखा था। भाग 1, 2, 4, 6 और 12 पिथॅगोरियों ने मिलकर लिखे थे और भाग 13 और भाग 10 का भी कुछ अंश थीटेटस (Thaetetus) का लिखा हुआ था। ऑल्मॅन की मृत्यु 1904 में हुई।

हर्मान हेंकॅल (Hermann Hankel) (1831-73) एक जर्मन गणितज्ञ था। इसे बड़े-बड़े गणितज्ञों के सम्पर्क में आने का अवसर मिला-मोबियस (Mobius), रीमान, वीर्स्ट्रास, क्रॉनेकर। इनमें से प्रत्येक का यह किसी न किसी समय शिष्य रहा। तत्पश्चात् यह क्रमशः अर्लांगेन (Erlangen), टूबिगेंन (Tubingen) और लाइपजिग में प्राध्यापक नियुक्त हुआ। 1870 में इसने एक बहुत महत्त्वपूर्ण अभिपत्र पुस्तिका तैयार की जिसमें ऐसे फलन दिये गये थे जिनके अवकल गुणांक का अस्तित्व सन्दिग्ध था। इसके अतिरिक्त इसने ऐसे वक्रों का उल्लेख किया था जिनमें अत्यल्प परिमाण के असंख्य दोलन हों और जिनके प्रत्येक बिन्दु पर कोई निश्चित दिशा ही न हो, अर्थात् जिनके किसी भी बिन्दु पर स्पर्शी खींचे न जा सकें। यों कह सकते हैं कि उक्त पुस्तिका ने वीर्स्ट्रास के अनवकलनशील सतत फलनों वाले कार्य की नींव डाल दी।

हैंकेल के नाम से **'हैंकेल परिवर्त'** (Hankel Transforms) प्रसिद्ध हो गये हैं। इसके अतिरिक्त इसने एक गणित का इतिहास लिखने की तैयारी की थी। बहुत

से स्थानों पर इसने टिप्पणियाँ लिख रखी थीं। यह उस कार्य को पूरा भी न कर पाया था कि काल का बुलावा आ गया। उक्त टिप्पणियों को संग्रह करके इसके पिता ने उन्हें पुस्तक रूप में 1874 में छापा। इसमें सन्देह नहीं कि यदि हैंकेल 34 वर्ष की अल्पावस्था में न मर गया होता तो गणित के इतिहास के क्षेत्र में इसका नाम अमर हो जाता।

(4) बीसवीं शताब्दी

बीसवीं शताब्दी के प्रारम्भ तक गणितीय इतिहास लेखन की परम्परा स्थापित हो चुकी थी। पिछले पचास वर्षों में गणित के इतिहास पर अनेक पुस्तकें प्रकाशित हो चुकी हैं। हम यहाँ उनमें से थोड़ी-सी का ही उल्लेख करेंगे।

(1) हम पहले लिख आये हैं कि भारत में पिछले दिनों तक गणित को ज्यौतिष का ही अंग माना जाता रहा है। अतः इस देश में स्वतन्त्र रूप से गणित का इतिहास लिखने की कोई परम्परा ही नहीं रही है। भारत के आधुनिक लेखकों में से एक नाम विशेष उल्लेखनीय है—शंकर बाल कृष्ण दीक्षित का। इनका जन्म रत्नागिरी ज़िले के एक गाँव में 1853 में हुआ था। इन्होंने प्रारम्भिक शिक्षा गाँव में ही पायी। तत्पश्चात् तीन वर्ष यह पूना ट्रेनिंग कॉलित में पढ़े। 1874 में मैट्रिक परीक्षा पास की। फिर आठ वर्ष मराठी स्कूलों में प्रधानाध्यापक रहे। इसके पश्चात् भिन्न-भिन्न स्कूलों में सहायक अध्यापक का कार्य किया और अन्त में पूना ट्रेनिंग कॉलिज में अध्यापक हो गये, जिस स्थान पर कई वर्ष रहे।

1884 में पूना की 'दक्षिणा प्राइज़ कमेटी' ने घोषणा की कि पंचांगों और ज्यौतिष के इतिहास सम्बन्धी सर्वोत्तम ग्रन्थ पर 450) का पारितोषिक दिया जाएगा। दीक्षित जी ने 'भारतीय ज्यौतिष' नामक ग्रन्थ की हस्तलिपि मराठी में तैयार करके कमेटी के पास भेज दी। 1991 में इन्हें पारितोषिक मिल गया। उन्हीं दिनों गायक्वाड़ सरकार की विज्ञप्ति निकली कि पंचांग सम्बन्धी सर्वोत्तम ग्रन्थ पर 1000 का पारितोषिक दिया जाएगा। उक्त पुरस्कार भी दीक्षितजी को उपरिलिखित हस्तलिपि पर ही मिला। 1896 में पाण्डुलिपि पुस्तक रूप में प्रकाशित हो गयी। पुस्तक वास्तव में स्तुत्य है। 1957 में पुस्तक का हिन्दी अनुवाद प्रकाशन ब्यूरो, सूचना विभाग, उत्तर प्रदेश, द्वारा प्रकाशित हुआ। अनुवादक हैं श्री शिवनाथ झारखण्डी और पुस्तक 'हिन्दी समिति ग्रन्थमाला' के अन्तर्गत प्रकाशित हुई है।

(2) पं. सुधाकर द्विवेदी का जीवन चरित्र हम अन्यत्र दे चुके हैं। 1910 में इनका 'गणित का इतिहास' बनारस से प्रकाशित हुआ। उक्त पुस्तक में मुख्यतः अंकों और संख्याओं का इतिहास ही दिया गया है।

विस्तार भय से हम अन्य पुस्तकों का उल्लेख संक्षेप में ही करेंगे।

(3) W.W. R. Ball : A short account of the History of Mathemat-

ics—London (1915)

इस पुस्तक में गणित की प्रायः समस्त शाखाओं का इतिहास दिया गया है।

(4) F. Cajori : A History of Mathematics—Macmillan & Co., New York (1919).

यह पुस्तक अभिदेश के लिए अच्छी है।

(5) Sir Thomas Heath : A History of Greek Mathematics—2 volumes—Cambridge (1921).

जैसा नाम से स्पष्ट है, इस ग्रन्थ में यूनानी गणित के इतिहास का अच्छा दिग्दर्शन कराया गया है।

(6) L.E. Dickson : History of The Theory of Numbers—3 volumes—¡shington (1923).

(7) D.E. Smith : History of Mathematics—2 volumes—Ginn and Co., New York (1925).

इस पुस्तक की जितनी भी प्रशंसा की जाय, थोड़ी है। सच पूछिए तो जब से प्रकाशित हुई है, यह गणित के इतिहासकारों का पथ प्रदर्शन कर रही है। इसके पहले भाग में तो सार्विक गणित का इतिहास है जो कई कालों में विभाजित किया गया है। दूसरे भाग में अलग-अलग विशेष प्रकरणों का इतिहास दिया गया है। हम दूसरे भाग का अध्याय क्रम यहाँ देते हैं–

(i) संख्या।

(ii) प्राकृतिक संख्याओं का गणित।

(iii) परिकलन यन्त्र।

(iv) **कृत्रिम संख्याएँ** (Artificial Numbers)

(v) ज्यामिति।

(vi) बीजगणित।

(vii) प्रारम्भिक समस्याएँ।

(viii) त्रिकोणमिति।

(ix) नाप तोल।

(x) कलन।

गणित के इतिहास के किसी भी पाठक का काम उक्त ग्रन्थ के बिना चल ही नहीं सकता।

(8) B.B. Dutt : Science of the Sulba—Calcutta (1932)

इस पुस्तक में प्राचीन हिन्दू ज्यामिति के इतिहास का दिग्दर्शन कराया गया है।

(9) Ganesh Prasad : Some Great Mathematicians of the Nineteenth

Century Vol. 1—Banaras Mathematical Society (1933).

स्वर्गीय डॉ. गणेश प्रसाद आधुनिक भारत के उन गिने चुने गणितज्ञों में से थे जिन्होंने इस देश में गणितीय गवेषणा की परम्परा स्थापित की। आपका जन्म बलिया में 1876 में हुआ था। इलाहाबाद और कलकत्ते से एम.ए. की परीक्षाएँ पास करने के पश्चात् अपने इलाहाबाद से डी.एस.सी. की डिग्री भी प्राप्त की। 1899 में आप इंग्लैण्ड पधारे। पाँच वर्ष आपने यूरोप में बिताये। आप वर्षों बनारस के सेन्ट्रल हिन्दू कॉलिज के प्राचार्य रहे और अन्त में कलकत्ते की उच्च गणित की हार्डिन्ज (Hardinge) गद्दी पर नियुक्त हुए। 1935 में आगरा विश्वविद्यालय की एक परिषद् की बैठक में भाग लेते समय अकस्मात् आपका देहावसान हो गया।

गणेश प्रसाद (1876-1935)

डॉ. गणेश प्रसाद ने अनेक अभिपत्र और पुस्तकें लिखी हैं। अपने एक अभिपत्र में आपने फ्रांस के प्रसिद्ध गणितज्ञ लेबेग (Lebesgue) की एक गलती निकाली थी। लेबेग ने उक्त त्रुटि को स्वीकार किया था। ऐतिहासिक दृष्टि से आपकी उपरिलिखित

पुस्तक के अतिरिक्त एक और पुस्तक प्रसिद्ध हुई है–

"Mathematical Physics and Differential Equation at the Beginning of the Twentieth Century."

(10) B.B. Dutt and A.N. Singh : History of Hindu Mathematics, 2 vols.—Lahore (1935)

इस ग्रन्थ के पहले भाग में अंकगणित का इतिहास है, दूसरे में बीगणित का। पहले भाग का हिन्दी अनुवाद, प्रान्तीय सरकार की हिन्दी समिति में तत्त्वावधान में, इस शीर्षक से, 1956 में प्रकाशित हुआ है–

कृपा शंकर शुक्ल–हिन्दू गणित शास्त्र का इतिहास भाग 1–प्रकाशन ब्यूरो, उत्तर प्रदेश सरकार, लखनऊ (1956)

(11) E.T. Bell : Men of Mathematics (1937).

इस पुस्तक में संसार के महान् गणितज्ञों की जीवनियाँ बहुत ही रोचक ढंग से लिखी गयी हैं।

(12) A. Hooper : Makers of Mathematics (1940).

(13) D. Struik : A concise History of Mathematics—Dover Publications, New York 10 (1948).

(14) गोरख प्रसाद–भारतीय ज्योतिष का इतिहास–प्रकाशन ब्यूरो, उत्तर प्रदेश सरकार, लखनऊ (1956)

गणित चित्रावली

सांख्य-पद्धतियाँ, संख्या शब्द और संख्यांक

चित्रावली

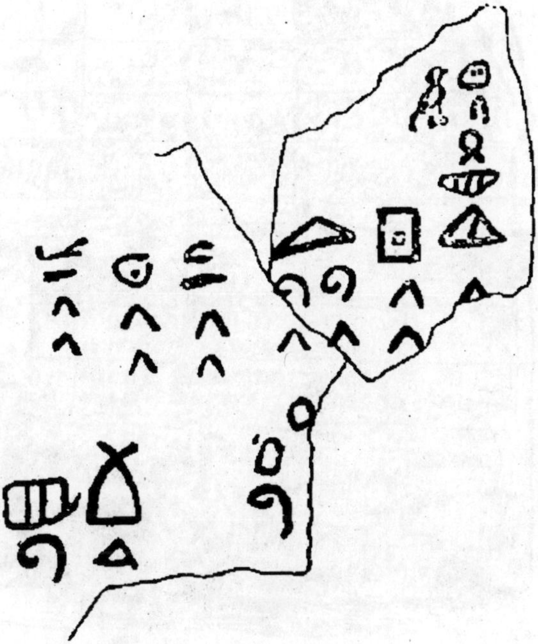

मिस्री संख्याओं का प्राचीन रूप

(जिन एण्ड कंपनी की अनुमति से डेविड यूजीन स्मिथ कृत 'हिस्ट्री ऑफ मैथेमैटिक्स' से प्रत्युत्पादित।

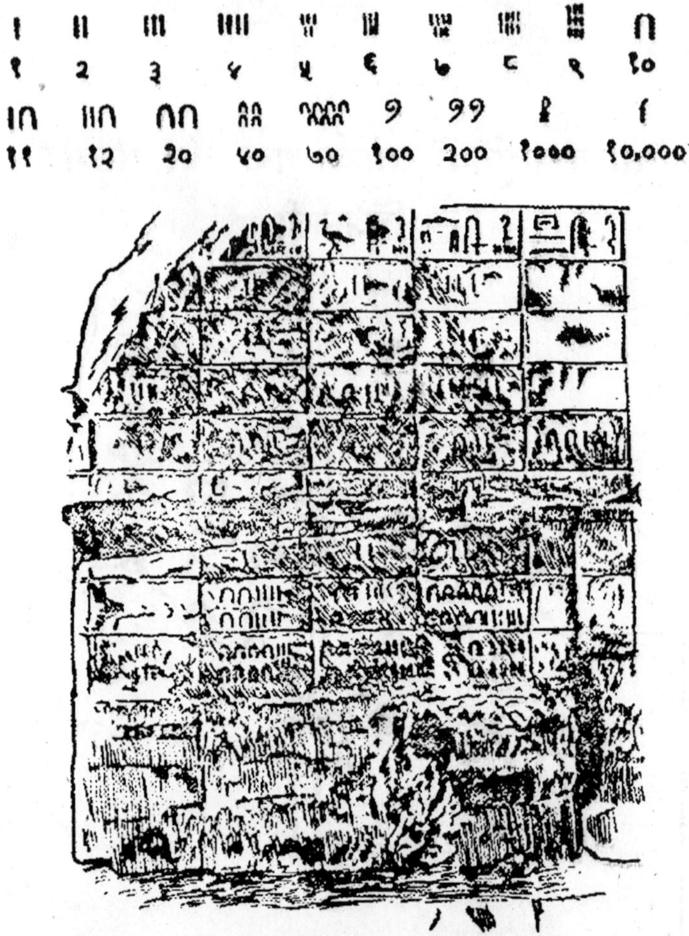

मिस्री संख्यांक।

(जिन एण्ड कंपनी की अनुमति से डेविड यूजीन स्मिथ कृत 'हिस्ट्री ऑफ मैथमैटिक्स' से प्रत्युत्पादित।

साइप्रस के प्राचीन संख्यांक।
(जिन एण्ड कंपनी की अनुमति से डेविड यूजीन स्मिथ कृत 'हिस्ट्री ऑफ मैथेमैटिक्स' से प्रत्युत्पादित।

साइप्रस के प्राचीन संख्यांक।
(जिन एण्ड कंपनी की अनुमति से डेविड यूजीन स्मिथ कृत 'हिस्ट्री ऑफ मैथेमैटिक्स' से प्रत्युत्पादित।

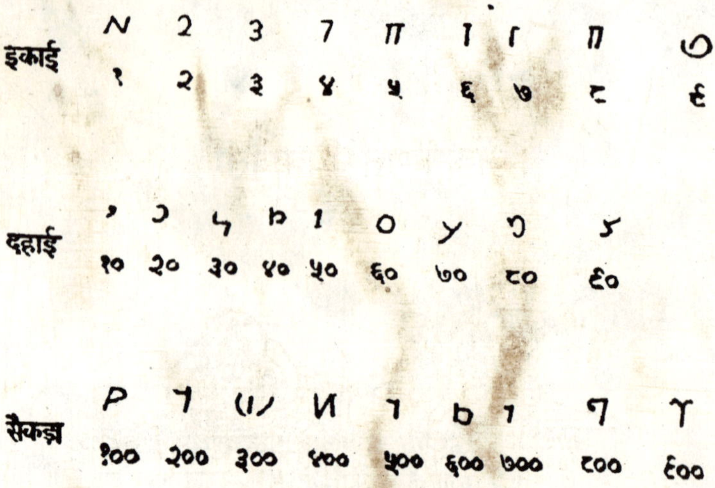

हिब्रुओं के आक्षरिक संख्यांक

यूरोप के प्राचीन अंक

अंकगणित चित्रावली

तिब्बत का जीवन चक्र

(जिन एण्ड कंपनी की अनुमति से डेविड यूजीन स्मिथ कृत 'हिस्ट्री ऑफ मैथेमैटिक्स' से प्रत्युत्पादित)।

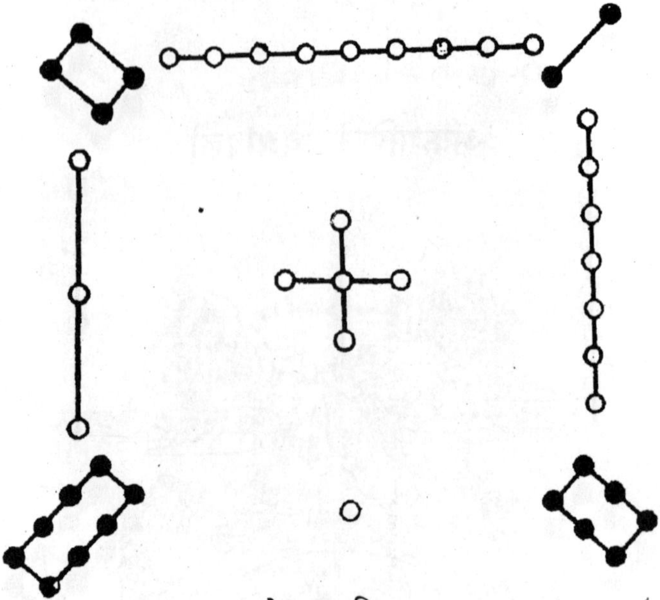

लोशू आकृति।

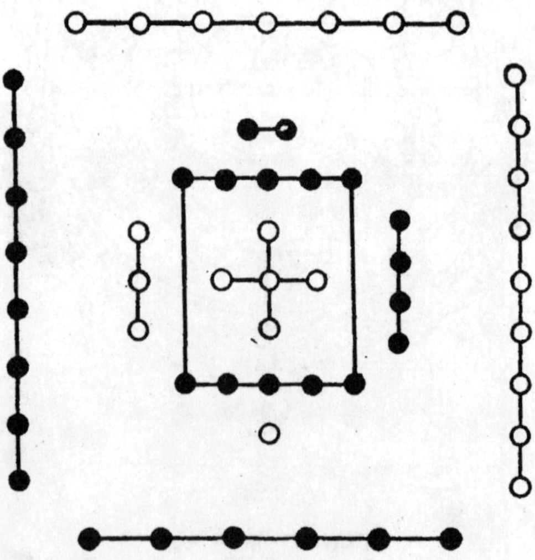

होतू आकृति

अट्ठाइसवीं शताब्दी ई.पू. के संख्यांक

अहमिस पैपिरस

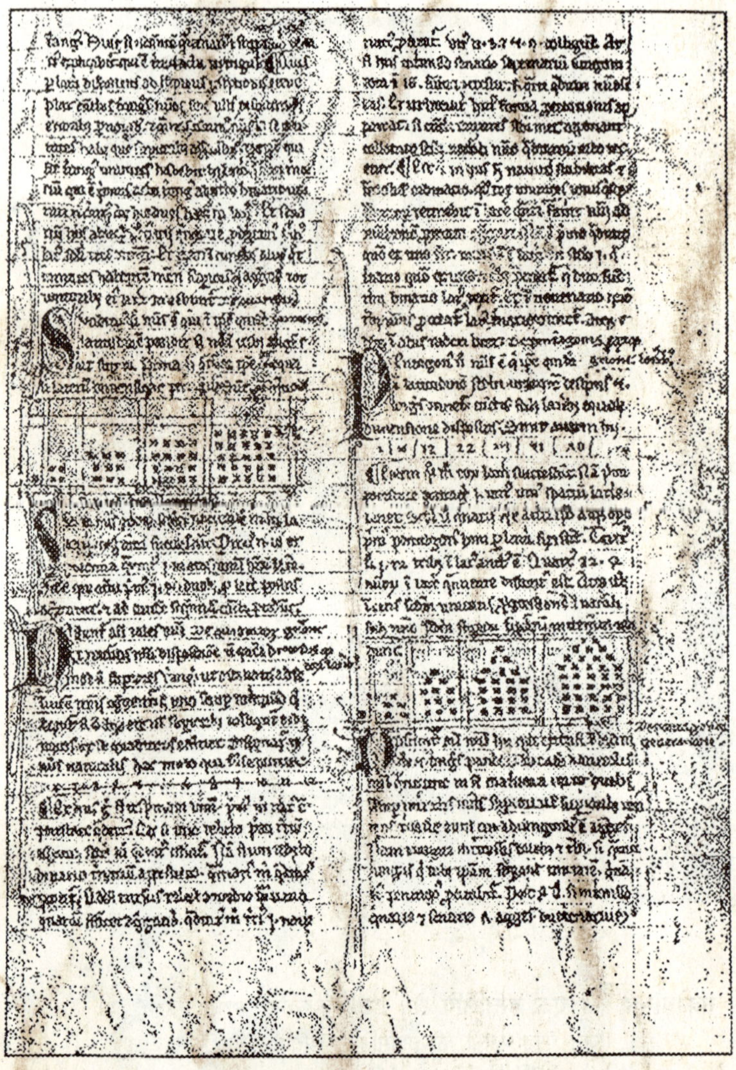

बोधियस अंकगणित की पांडुलिपि।

(जिन एण्ड कंपनी की अनुमति से डेविड यूजीन स्मिथ कृत 'हिस्ट्री ऑफ मैथेमैटिक्स' से प्रत्युत्पादित।

संक्रोबॉस्को की एक हस्तलिपि से। इसमें संख्यांक स्पष्ट दिखाई पड़ रहे हैं।

(जिन एण्ड कंपनी की अनुमति से डेविड यूजीन स्मिथ कृत
'हिस्ट्री ऑफ मैथेमैटिक्स' से प्रत्युत्पादित।

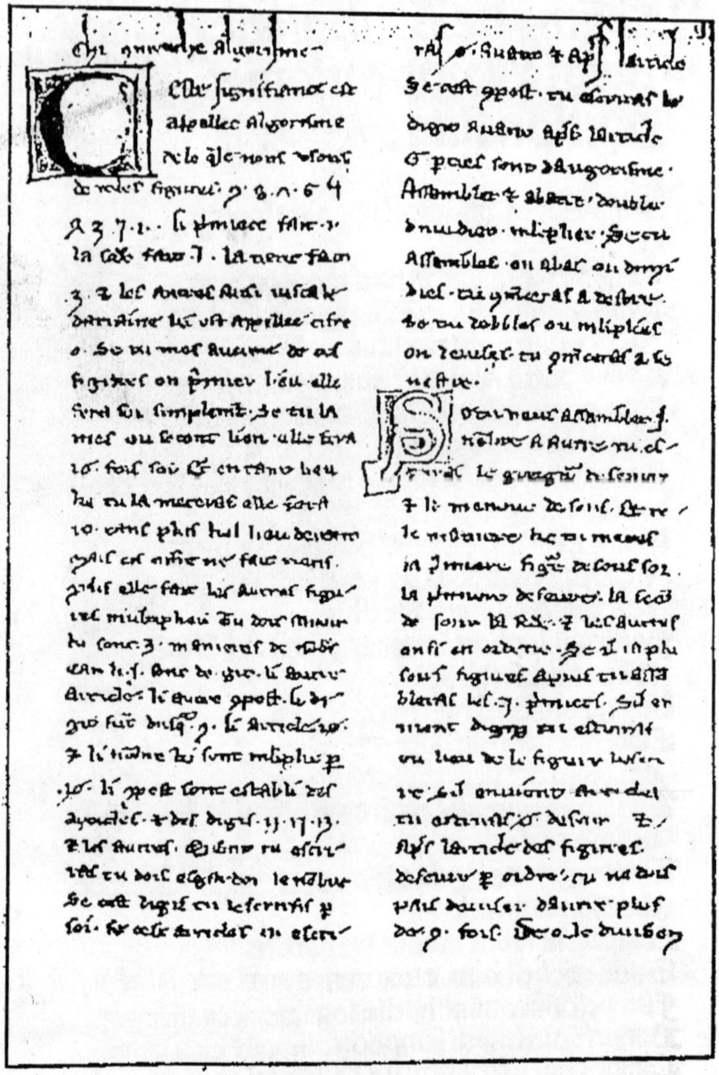

फ्रांस के प्राचीनतम 'पाटीगणित' का प्रथम पाठ।

(जिन एण्ड कंपनी की अनुमति से डेविड यूजीन स्मिथ कृत 'हिस्ट्री ऑफ मैथेमैटिक्स' से प्रत्युत्पादित।

Sũma de Arithmetica Geometria Proportioni et Proportionalita.

Continentia de tutta lopera.

De numeri e misure in tutti modi occurrenti.
Proportioni e pportiõalita anotitia del .5° de Euclide. e de tutti li altri soi libri.
Chiaui ouero euidentie numero .13. p le q̃tita continue pportiõali del .6° e .7° de Euclide extratte.
Tutte le pti delalgorismo: cioe releuare . ptir . multiplicar . sũmare . e sotrare cõ tutte sue pue i sani e rotti . e radici e progressioni.
De la regola mercantesca ditta del .3. e soi fõdamenti con casi exemplari per c° m° 8. G . guadagni: perdite: transportationi: e inuestire.
Partir . multiplicar . summar . e sotrar de le proportioni e de tutte sorti radici.
De le .3 . regole del catayn ditta positiõe e sua origie.
Euidentie generali ouer conclusioni n° 66 . absoluere ogni caso che per regole ordinarie nõ si podesse.
Tutte sorte binomii e recisi e altre linee irratiõali del decimo de Euclide.
Tutte regole de algebra ditte de la cosa e lor fabriche e fondamenti.
Compagnie i tutti modi . e lor partire.
Socide de bestiami . e lor partire
Fitti: pesciõi: cottimi: liuelli: logagioni: e godimenti.
Baratti i tutti modi semplici: composti: e col tempo.
Cambi reali . secchi . fittitii . e di minuti ouer comuni.

पॅसियोली की पुस्तक से।

(जिन एण्ड कंपनी की अनुमति से डेविड यूजीन स्मिथ कृत 'हिस्ट्री ऑफ मैथेमैटिक्स' से प्रत्युत्पादित।

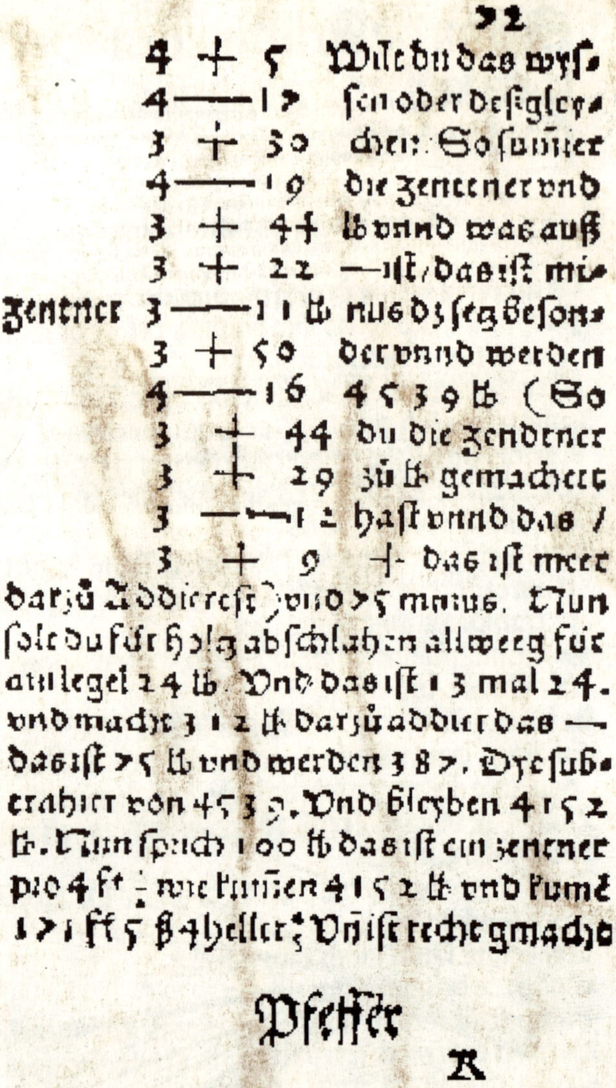
72

4 + 5 Wiltu das wys-
4 — 17 sen oder desgley-
3 + 30 chen: So summier
4 — 19 die zentener vnd
3 + 44 lb vnnd was auß
3 + 22 — ist/das ist mi-
Zentner 3 — 11 lb nus dz setz beson-
3 + 50 der vnnd werden
4 — 16 4539 lb (So
3 + 44 du die zendener
3 + 29 zu lb gemachet
3 — 12 hast vnnd das /
3 + 9 + das ist meer
darzu Addierest) vnd 75 minus. Nun
solt du für holz abschlahen allweeg für
ain legel 24 lb. Vnd das ist 13 mal 24.
vnd macht 312 lb darzu addier das —
das ist 75 lb vnd werden 387. Dye sub-
trahier von 4539. Vnd bleyben 4152
lb. Nun sprich 100 lb das ist ein zentener
pro 4 ff 5/ wie kummen 4152 lb vnd kumt
171 ff 5 ß 4 heller. Vñ ist recht gmacht

Pfeffer

R

– और + के चिह्नों का प्रथम प्रयोग।

(जिन एण्ड कंपनी की अनुमति से डेविड यूर्जीन स्मिथ कृत 'हिस्ट्री ऑफ मैथमैटिक्स' से प्रत्युत्पादित।

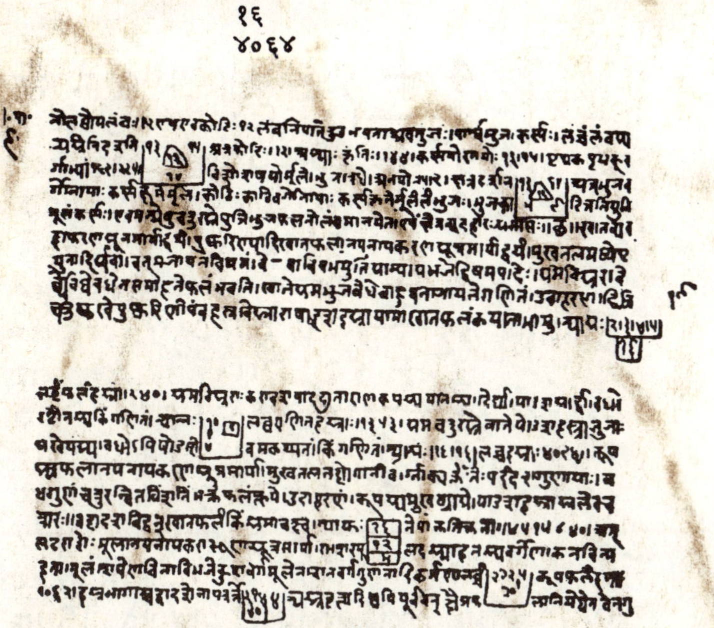

श्रीधर की त्रिशतिका के दो पृष्ठ
(जिन एण्ड कंपनी की अनुमति से डेविड यूजीन स्मिथ कृत
'हिस्ट्री ऑफ मैथेमैटिक्स' से प्रत्युत्पादित।

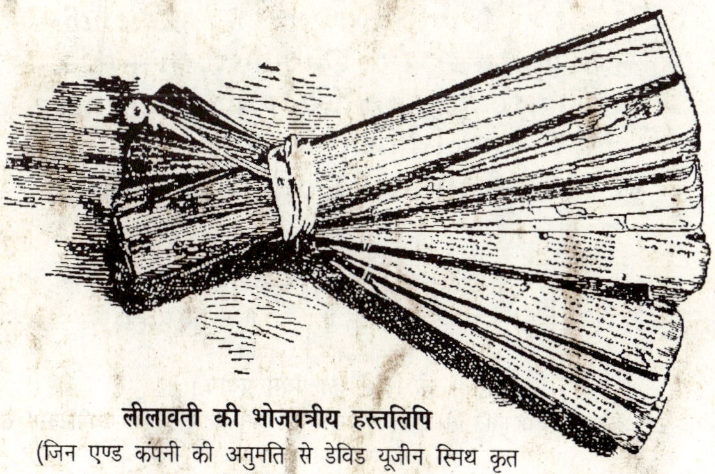

लीलावती की भोजपत्रीय हस्तलिपि
(जिन एण्ड कंपनी की अनुमति से डेविड यूजीन स्मिथ कृत
'हिस्ट्री ऑफ मैथेमैटिक्स' से प्रत्युत्पादित।

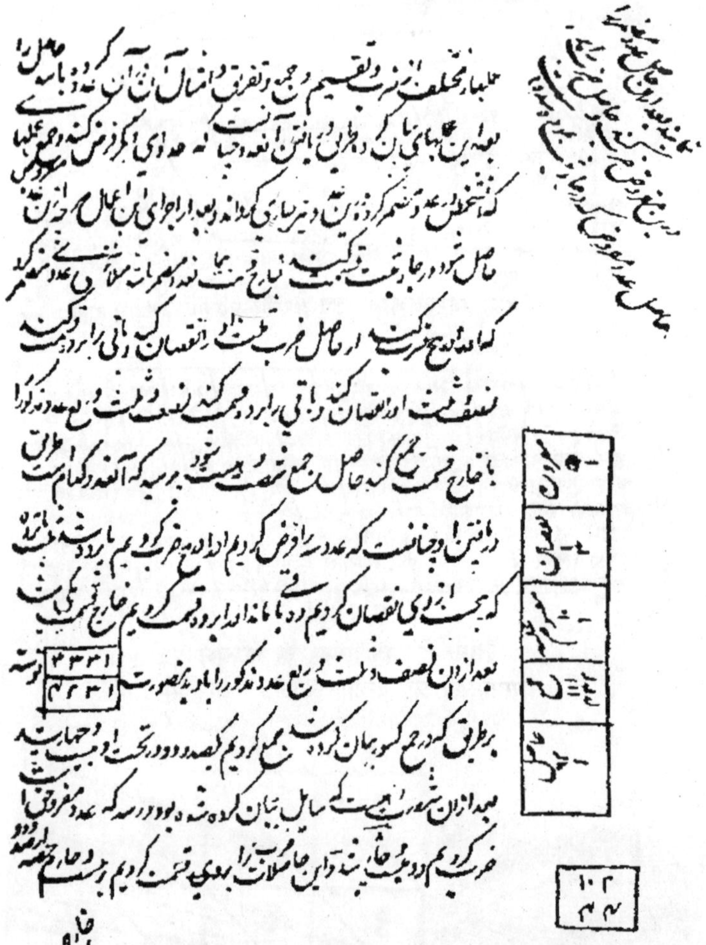

'लीलावती' के फ़ैज़ी के अनुवाद से।

(जिन एण्ड कंपनी की अनुमति से डेविड यूजीन स्मिथ कृत 'हिस्ट्री ऑफ मैथेमैटिक्स' से प्रत्युत्पादित।

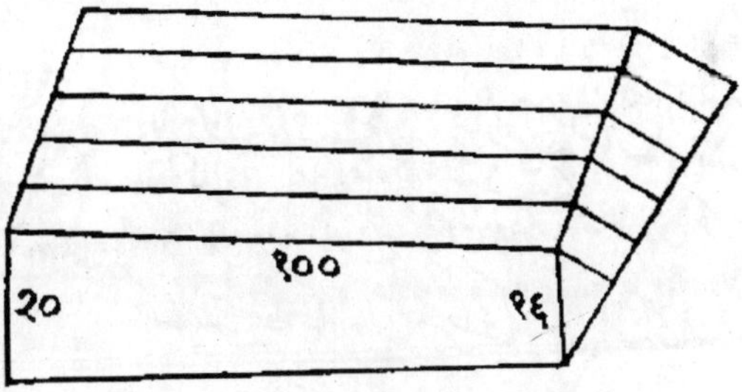

भिन्न मोटाई वाली लकड़ी की आकृति।

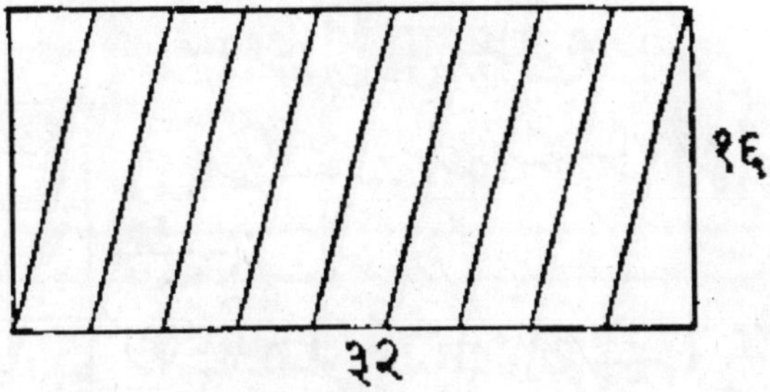

समान मोटाई वाली लकड़ी की आकृति

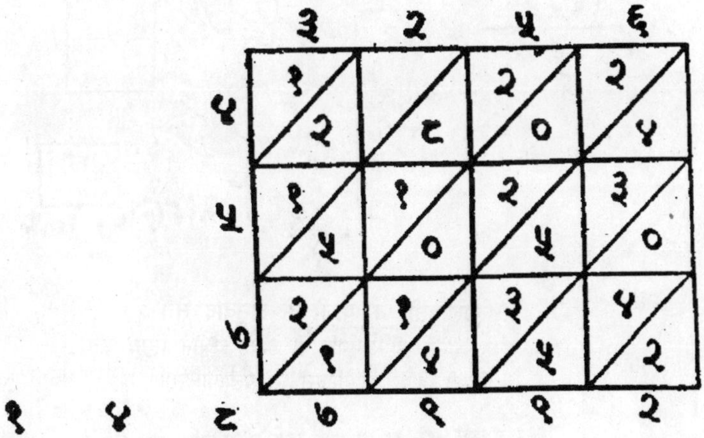

बारह वर्गों में विभाजित एक आयत।

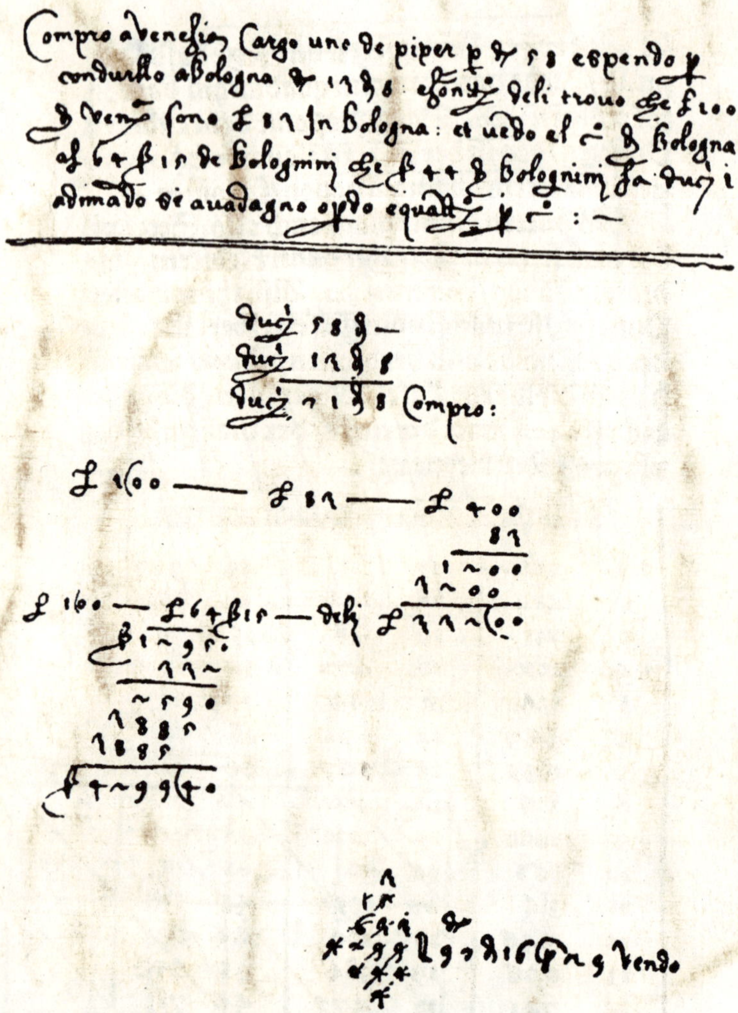

सोलहवीं शताब्दी का त्रैराशिक

पांचवी पंक्ति के अन्त में जो चिह्न है वही उस समय प्रतिशतता का निरूपण करता था।

चित्र इटली की 1545 की एक हस्तलिपि से।

(जिन एण्ड कंपनी की अनुमति से डेविड यूजीन स्मिथ कृत 'हिस्ट्री ऑफ मैथमैटिक्स' से प्रत्युत्पादित।

fe. Den ersten Punct setz 1. vnd setze dafür drey nulla / Ziehe daß Radicem quadratam daruon so kommen 1000. Dann preponir dem anderen Puncten / das ist der Ziffern 2. auch sechs o / vnd ziehe Radicem quadratā dauon / so komen 414.

Den dritten Punct mach auch also. Setz 3. vff darnach sechs o. Extrahir dann Radicem quadratam dauon / kommen 832. Also thū mit allen Puncten / so machstu die Tafel selber. Es ist aber groß mühe vnd verdrossen arbeyt / Darumb hab ich dir hie ein Tafel außgezogen / die gehet biß vff 240. Punct der tieffe / der maß gnūg hat vff groß oder kleyne vaß.

Tabula Radicum quadratarum.

1	1	1000		17	123		33	747
	2	414		18	242		34	833
	3	732		19	358		35	917
2	4	1000		20	472	6	36	1000
	5	234		21	584		37	82
	6	449		22	692		38	163
	7	645		23	767		39	244
	8	828		24	900		40	324
3	9	1000	5	25	1000		41	403
	10	162		26	[illegible]		42	481
	11	316		27	195		43	558
	12	446		28	290		44	634
	13	606		29	384		45	709
	14	741		30	477		46	783
	15	873		31	567		47	856
4	16	1000		32	659		48	928

ऐडेम रीज़ के अंकगणित (1522) से।

इसमें वर्गमूल दशमलव पद्धति में दिये गये हैं। केवल दशमलव बिन्दु नहीं लगाया गया है।

(जिन एण्ड कंपनी की अनुमति से डेविड यूजीन स्मिथ कृत 'हिस्ट्री ऑफ मैथेमैटिक्स' से प्रत्युत्पादित।)

बीजगणित चित्रावली

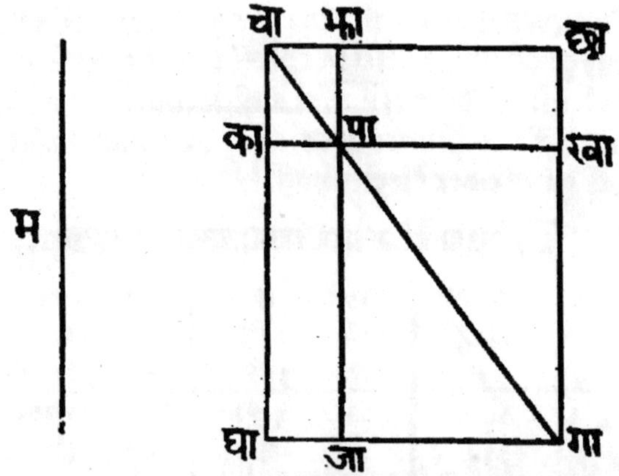

आपस्तम्ब के नियम से सम्बन्धित आकृति।

(जिन एण्ड कंपनी की अनुमति से डेविड यूजीन स्मिथ कृत 'हिस्ट्री ऑफ मैथेमैटिक्स' से प्रत्युत्पादित।)

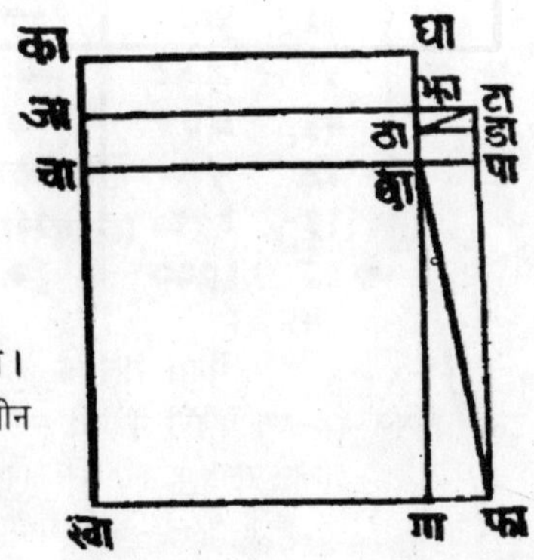

बौधायन की विधि से सम्बन्धित आकृति।

(जिन एण्ड कंपनी की अनुमति से डेविड यूजीन स्मिथ कृत 'हिस्ट्री ऑफ मैथेमैटिक्स' से प्रत्युत्पादित।)

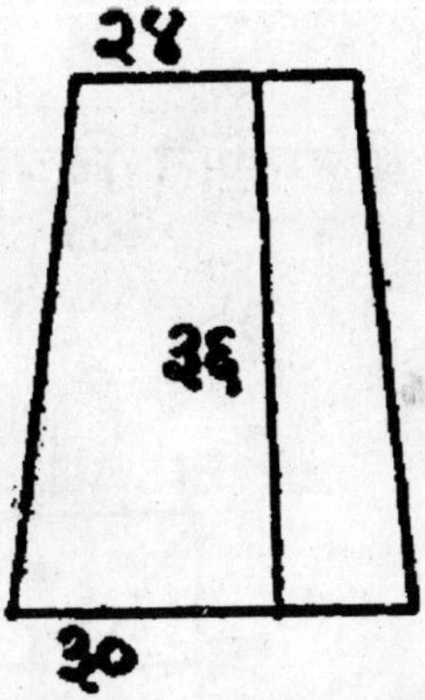

दो समान्तर भुजाओं वाला समबाहु समलम्ब

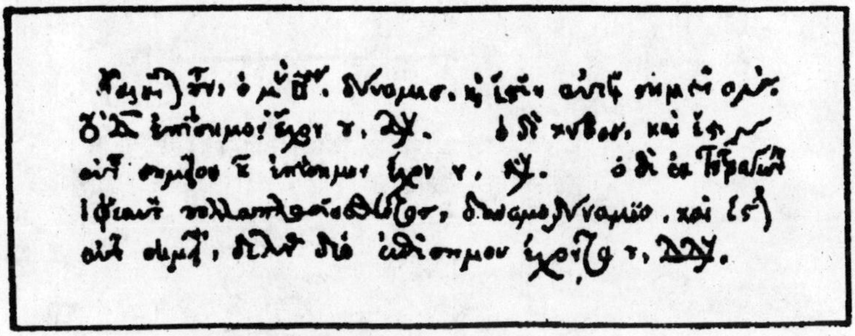

ऐंरिथमेंटिका का संकेतवाद।
(इन्साइक्लोपीडिया ब्रिटेनिका से)

भक्षाली हस्तलिपि प्लेट 36।

भक्षाली हस्तलिपि, प्लेट 4

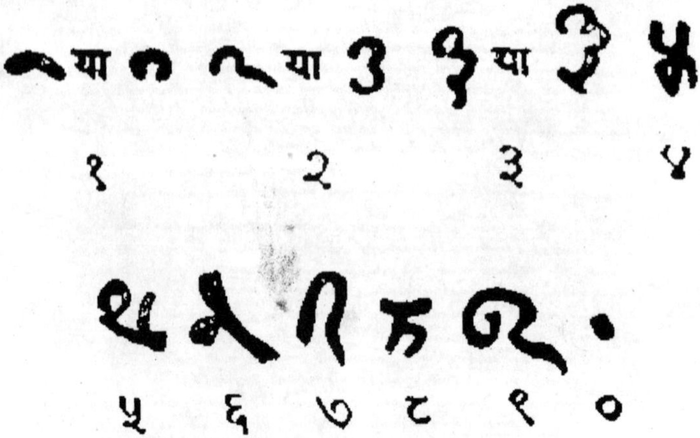

भक्षाली हस्तलिपि के अंक

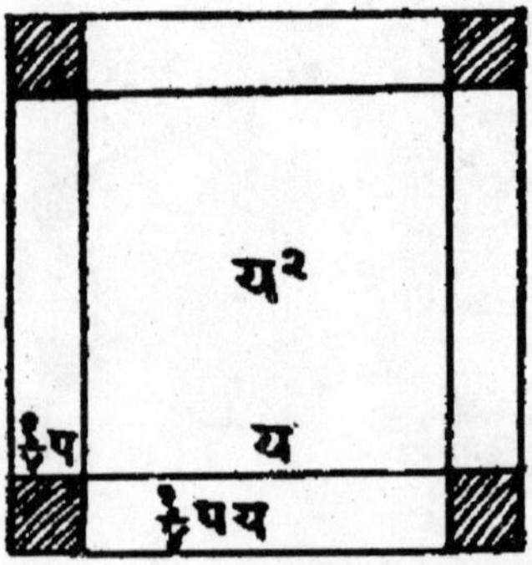

अलख्वा रिज़्मी के समीकरण का एक वर्ग।

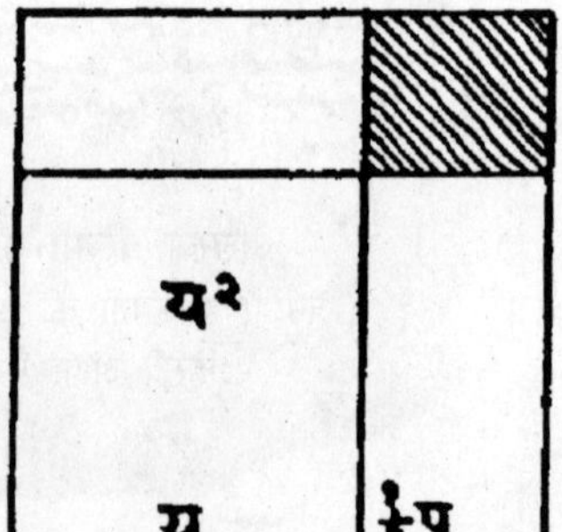

अलख्वा रिज़्मी के समीकरण का एक अन्य वर्ग

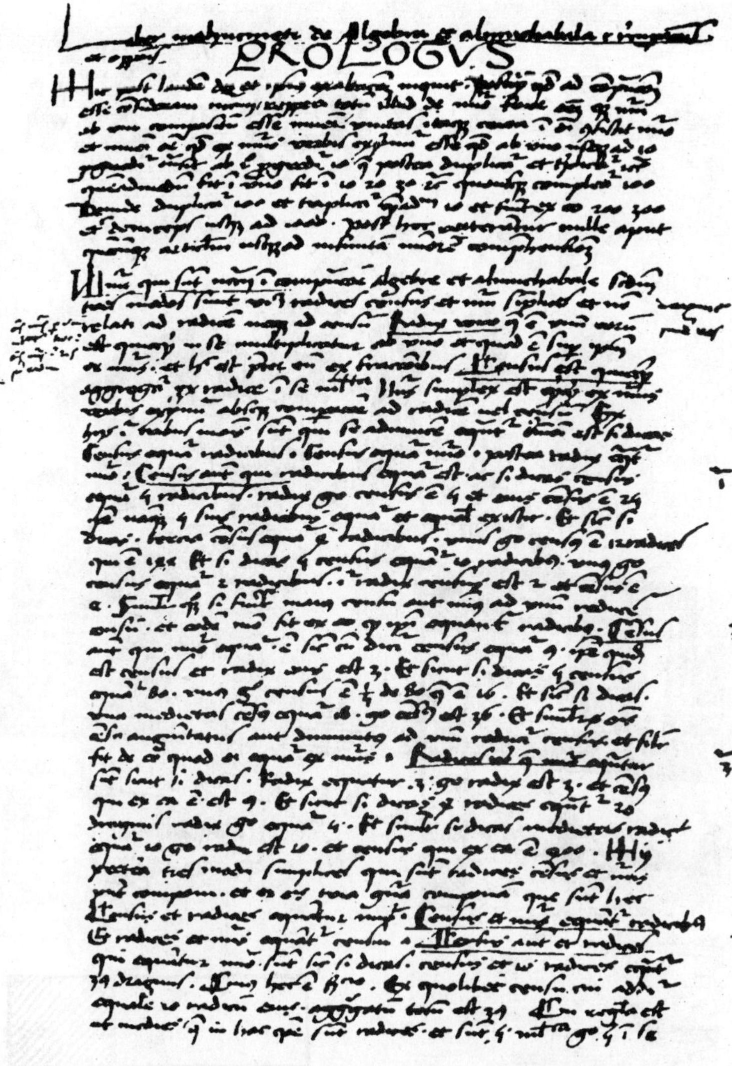

PROLOGVS

अलख्वा रिज़्मी की पुस्तक का प्रथम पृष्ठ।

(जिन एण्ड कंपनी की अनुमति से डेविड यूजीन स्मिथ कृत 'हिस्ट्री ऑफ मैथेमैटिक्स' से प्रत्युत्पादित।)

नीशापुर में उमर खय्याम की कब्र।

(डोवर पब्लिकेशंस, इन्कॉर्पोरेटैड, न्यूयॉर्क-10, की अनुज्ञा से, डी.स्ट्रुइक कृत 'ए कॉन्साइज हिस्ट्री ऑफ मैथेमेटिक्स' (1.75 डालर) से प्रत्युत्पादित।)

फ्रैंसॉय वीटा (1540-1603))

(डोवर पब्लिकेशंस, इन्कॉर्पोरेटैड न्यूयॉर्क-10, की अनुज्ञा से डी स्ट्रइक कृत 'ए कॉन्साइज हिस्ट्री ऑफ मॅथैमैटिक्स (1.75 डॉलर) से प्रत्युत्पादित।)

बीजगणित के मूल चिह्न के विभिन्न रूप।

नेपियर (1550-1617)

(डोवर पब्लिकेशंस, इन्कॉर्पोरेटैड न्यूयॉर्क-10, की अनुज्ञा से डी स्ट्रुइक कृत 'ए कॉन्साइज हिस्ट्री ऑफ मैथैमैटिक्स (1.75 डॉलर) से प्रत्युत्पादित।)

आइज़क न्यूटन (1642-1727)

(डोवर पब्लिकेशंस, इन्कॉर्पोरेटेड न्यूयॉर्क-10, की अनुज्ञा से डी स्ट्रुइक कृत 'ए कॉन्साइज हिस्ट्री ऑफ मॅथैमैटिक्स (1.75 डॉलर) से प्रत्युत्पादित।)

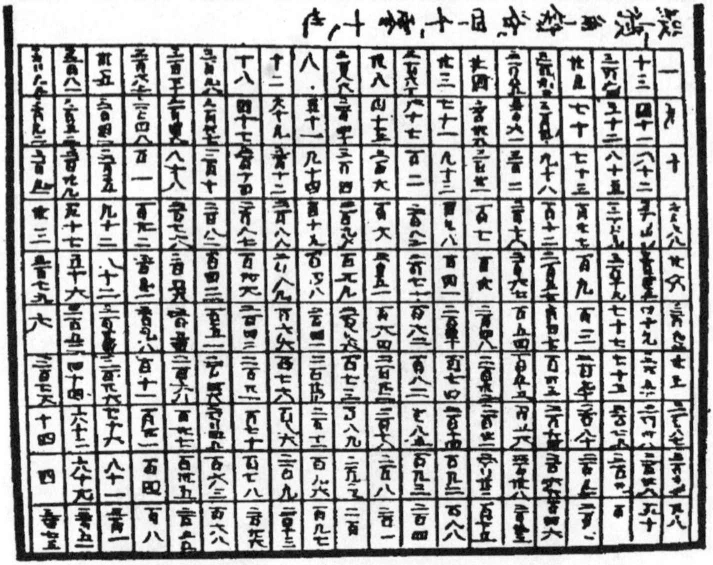

एक जापानी माया वर्ग।

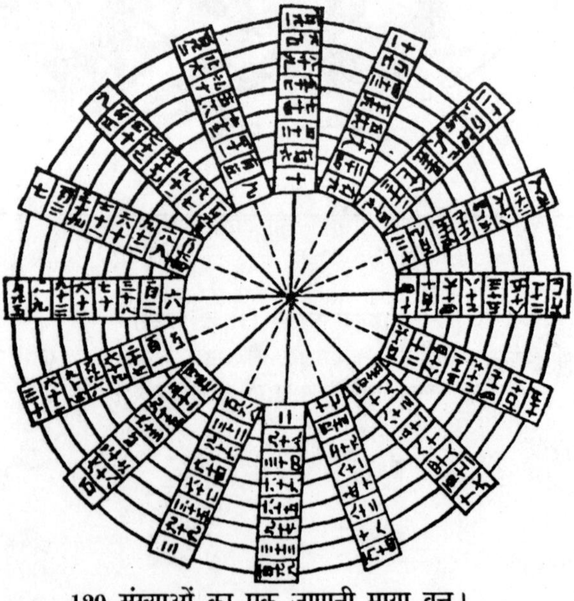

129 संख्याओं का एक जापानी माया वृत्त।

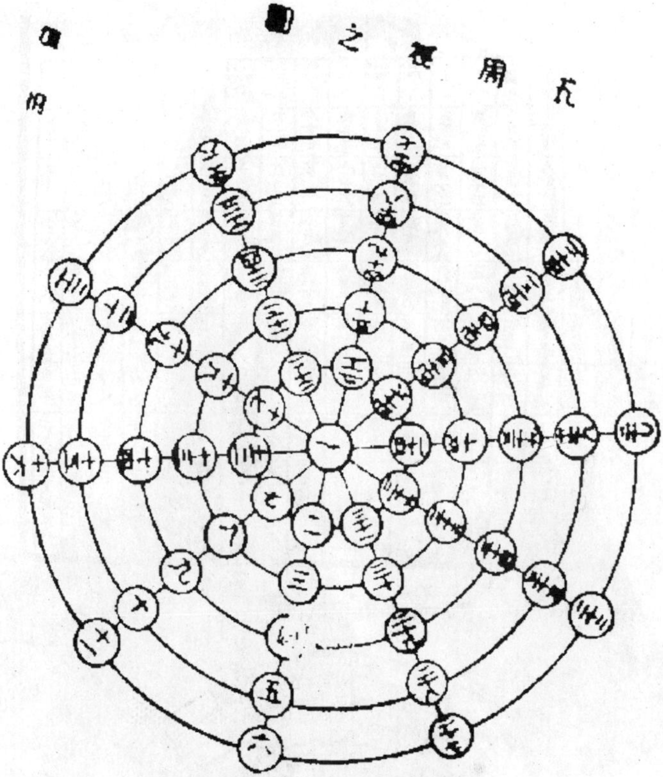

जापानी मायावर्ग का आधा भाग।

(जिन एण्ड कंपनी की अनुमति से डेविड यूजीन स्मिथ कृत 'हिस्ट्री ऑफ मैथेमैटिक्स' से प्रत्युत्पादित।

लॅग्रांज (1736-1813)।

लेजाण्ड्र (1752-1833)।
(डोवर पब्लिकेशंस, इन्कॉर्पोरेटेड न्यूयॉर्क-10, की अनुज्ञा से डी स्ट्रुइक कृत 'ए कॉन्साइज हिस्ट्री ऑफ मॅथैमैटिक्स (1.75 डॉलर) से प्रत्युत्पादित।)

गैलायस (1811-32)।

(डोवर पब्लिकेशंस, इन्कॉर्पोरेटैड न्यूयॉर्क-10, की अनुज्ञा से डी स्ट्रुइक कृत 'ए कॉन्साइज हिस्ट्री ऑफ मॅथैमैटिक्स (1.75 डॉलर) से प्रत्युत्पादित।)

ऑयलर (1707-83)।
(डोवर पब्लिकेशंस, इन्कॉर्पोरेटैड न्यूयॉर्क-10, की अनुज्ञा से डी स्ट्रुइक कृत 'ए कॉन्साइज हिस्ट्री ऑफ मॅथैमैटिक्स (1.75 डॉलर) से प्रत्युत्पादित।)

ऑबैल (1802-29)

(डोवर पब्लिकेशंस, इन्कॉर्पोरेटैड न्यूयॉर्क-10, की अनुज्ञा से डी स्ट्रुइक कृत 'ए कॉन्साइज हिस्ट्री ऑफ मॅथैमैटिक्स (1.75 डॉलर) से प्रत्युत्पादित।)

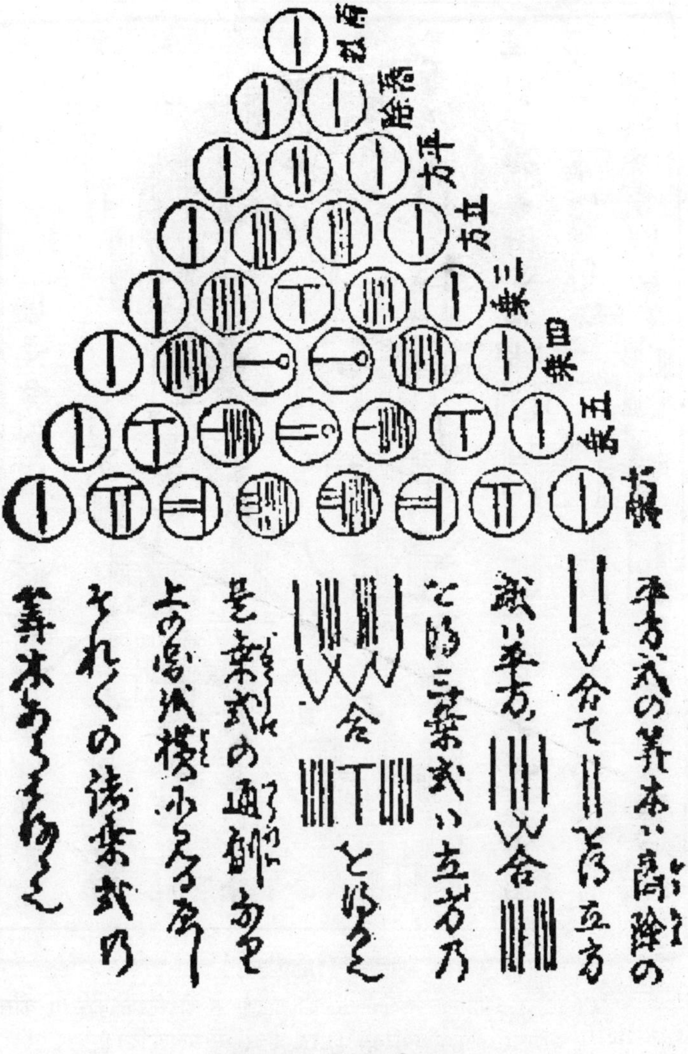

जापान का पॉस्कल त्रिभुज।

(जिन एण्ड कंपनी की अनुमति से डेविड यूजीन स्मिथ कृत 'हिस्ट्री ऑफ मैथेमैटिक्स' से प्रत्युत्पादित।

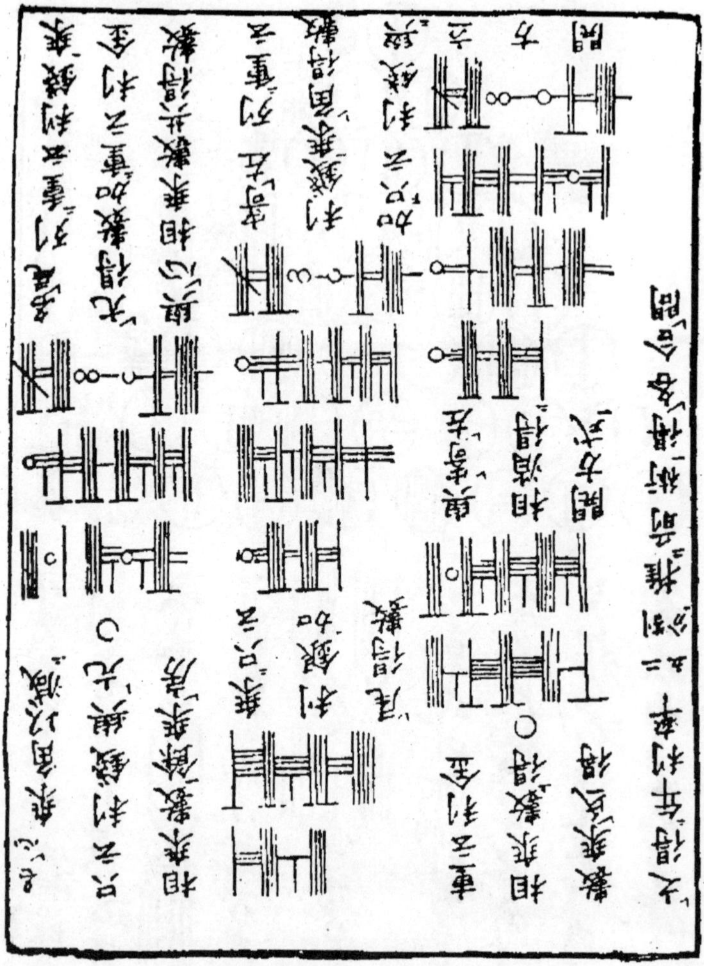

सइयाँ सम्पाँ का एक पृष्ठ

(जिन एण्ड कंपनी की अनुमति से डेविड यूजीन स्मिथ कृत 'हिस्ट्री ऑफ मैथेमैटिक्स' से प्रत्युत्पादित।

ज्यामिति चित्रावली

मिट्टी का एक प्राचीन बरतन।

मिश्र का प्राचीन काल का मिट्टी का बरतन। इसका रचना काल 4000-3400 ई.पू. है। (न्यूयार्क के मैट्रोपॉलीटन संग्रहालय से)।

(जिन एण्ड कंपनी की अनुमति से डेविड यूजीन स्मिथ कृत 'हिस्ट्री ऑफ मैथेमैटिक्स' से प्रत्युत्पादित।

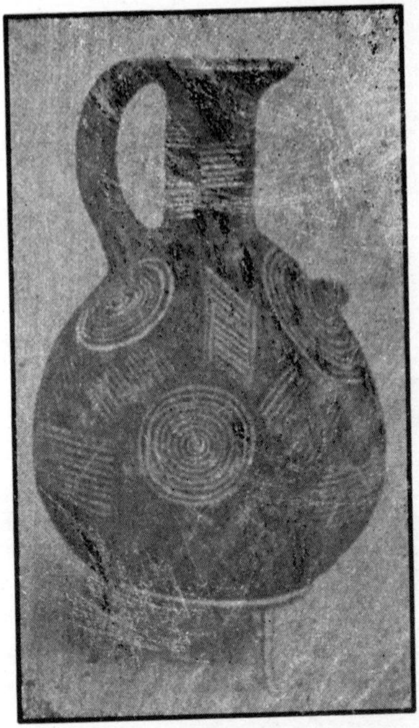

काँसे की एक प्राचीन सुराही।
काँसा युग' की साइप्रस की एक सुराही। समय 3000-2000 ई.पू. (न्यूयार्क के मैट्रोपॉलीटन संग्रहालय से)।
(जिन एण्ड कंपनी की अनुमति से डेविड यूजीन स्मिथ कृत 'हिस्ट्री ऑफ मैथमैटिक्स' से प्रत्युत्पादित।

लौह युग का झंझर
'लौह युग' का साइप्रस का एक झंझर। समय 1000-750 ई.पू. (न्यूयार्क के मैट्रोपॉलीटन संग्रहालय से)।
(जिन एण्ड कंपनी की अनुमति से डेविड यूजीन स्मिथ कृत 'हिस्ट्री ऑफ मैथमैटिक्स' से प्रत्युत्पादित।

आठवीं शताब्दी का झंझर।

8वीं शताब्दी ई.पू. का एक झंझर।

(जिन एण्ड कंपनी की अनुमति से डेविड यूजीन स्मिथ कृत
'हिस्ट्री ऑफ मैथेमैटिक्स' से प्रत्युत्पादित।

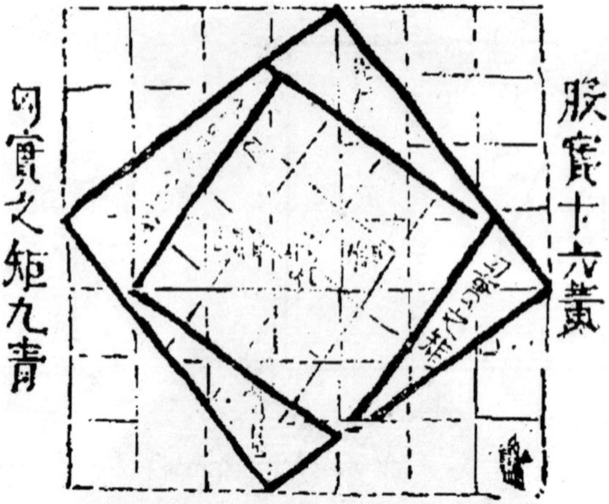

चउ-पेइ का एक चित्र।

(जिन एण्ड कंपनी की अनुमति से डेविड यूजीन स्मिथ कृत 'हिस्ट्री ऑफ मैथेमैटिक्स' से प्रत्युत्पादित।

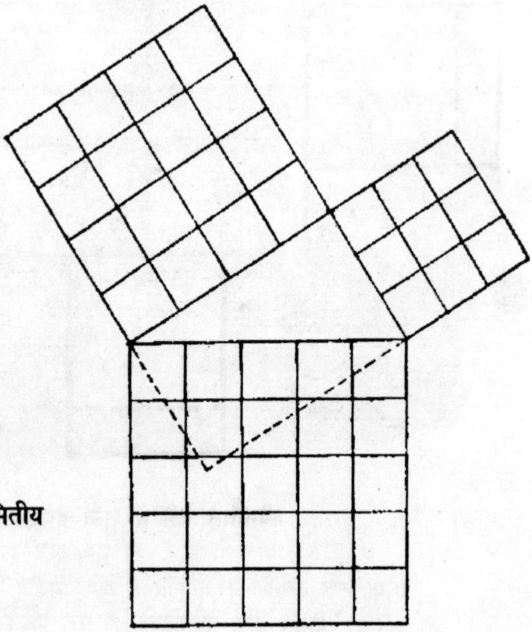

शुल्व प्रमेय का ज्यामितीय प्रदर्शन।

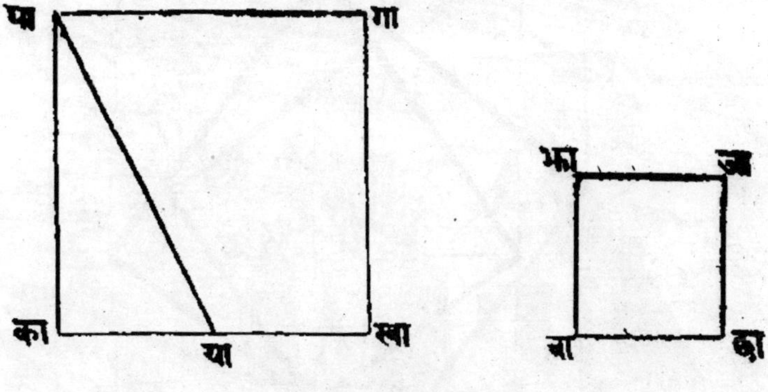

दो शुल्व सूत्रीय क्षेत्रफल।

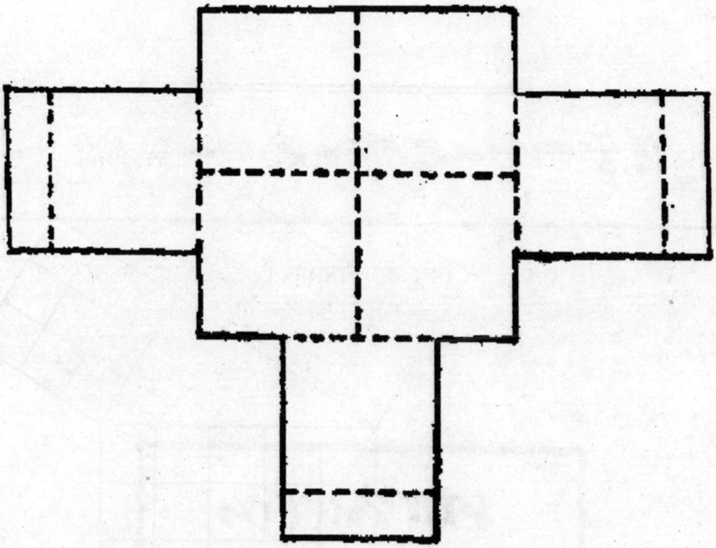

श्येनचित् वेदी में शुल्व प्रमेय।

चट्टान काटकर बनाया गया एक मिस्री मन्दिर।

(इन्साइक्लोपीडिया ब्रिटॅनिका से)

मिस्र की चित्रलिपि।

(इन्साइक्लोपीडिया ब्रिटॅनिका से)

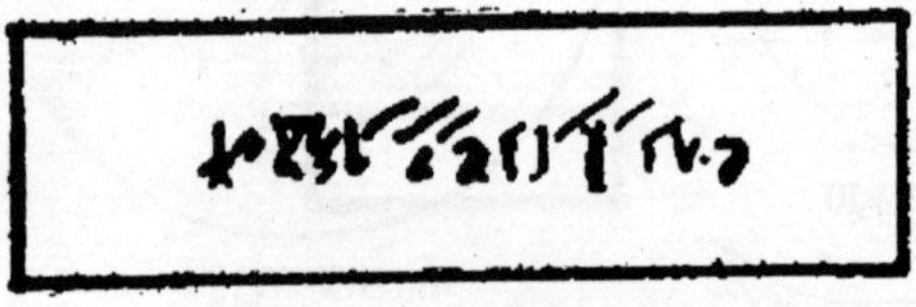

मिस्र की धर्मलिपि

(इन्साइक्लोपीडिया ब्रिटॅनिका से)

हिपॉक्रेटीज के त्रिभुज की दो भुजाओं पर अर्धवृत्त।

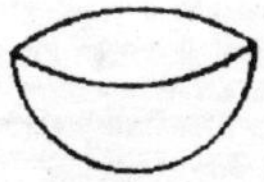

निम्नवृत्त

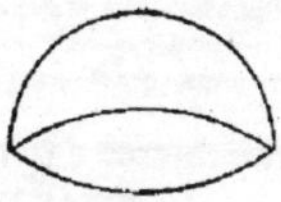

उन्नतवृत्त

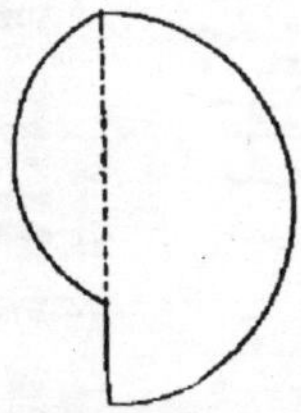

कुंबक वृत्त

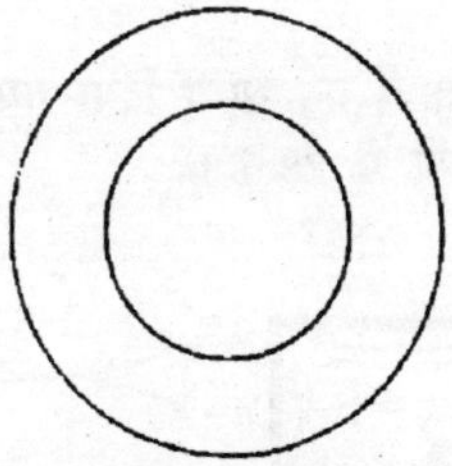

अन्तश्चक्रवालवृत्त

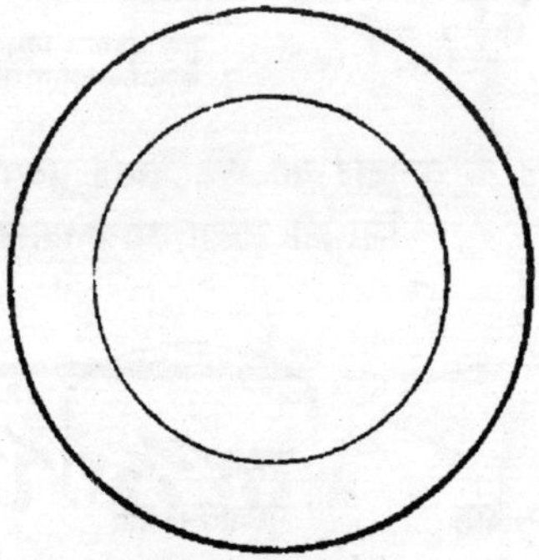

बहिश्चक्रवालवृत्त

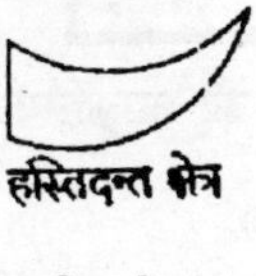

हस्तिदन्त क्षेत्र

महावीर के कुछ ज्यामितीय क्षेत्रों की आकृतियाँ।

यूक्लिड के अनुवाद का एक पृष्ठ। प्रथम पंक्ति में वह साध्य दिया गया है जिसकी संख्या आधुनिक संस्करणों में 28 है।

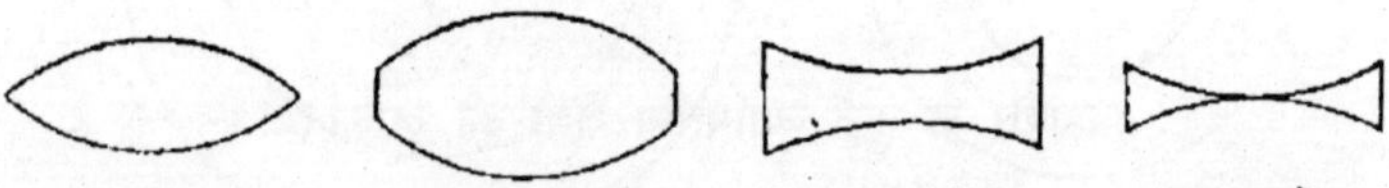

यवाकार क्षेत्र मुरजाकार क्षेत्र पणवाकार क्षेत्र वज्राकार क्षेत्र

महावीर के कुछ ज्यामितीय क्षेत्रों की आकृतियाँ।

महावीर के कुछ ज्यामितीय क्षेत्रों की आकृतियाँ।

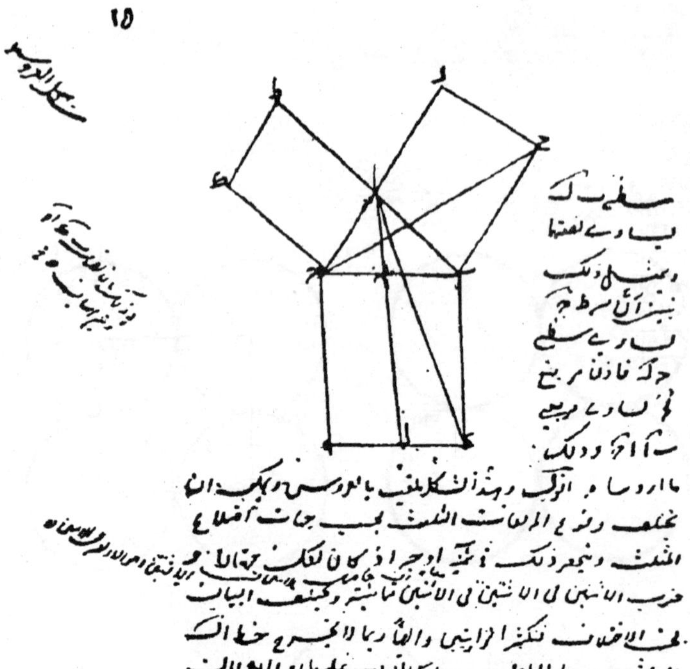

ताबित इब्न कोरा के यूक्लिड के अनुवाद में से शुल्व प्रमेय का उद्धरण।

(जिन एण्ड कंपनी की अनुमति से डेविड यूजीन स्मिथ कृत 'हिस्ट्री ऑफ मैथेमैटिक्स' से प्रत्युत्पादित।)

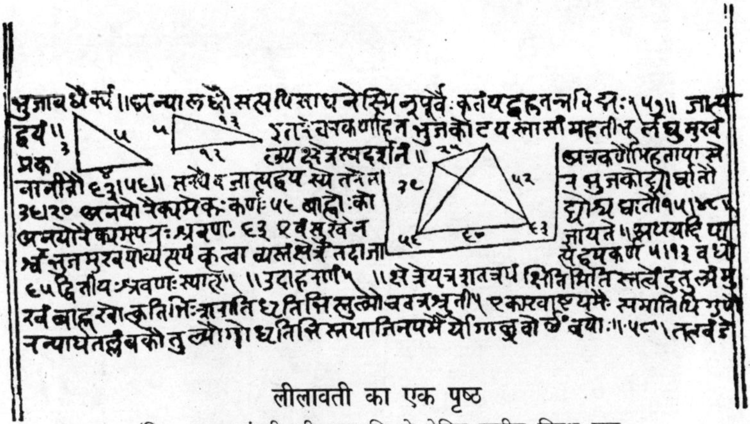

लीलावती का एक पृष्ठ

(जिन एण्ड कंपनी की अनुमति से डेविड यूजीन स्मिथ कृत 'हिस्ट्री ऑफ मैथेमैटिक्स' से प्रत्युत्पादित।)

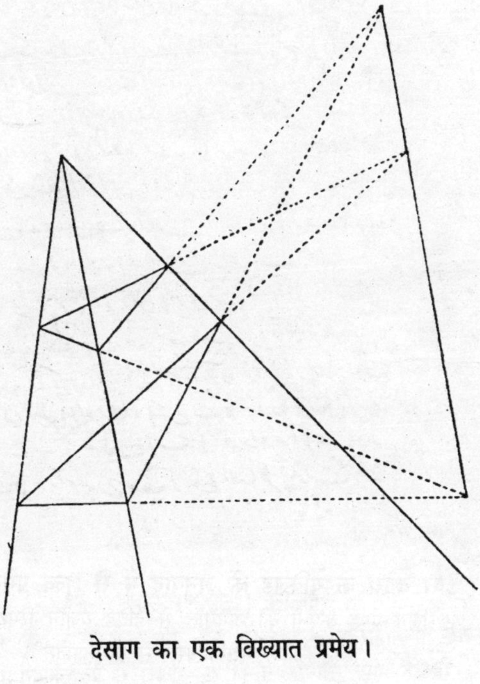

देसाग का एक विख्यात प्रमेय।

दकार्ते (1596-1650)
(डोवर पब्लिकेशंस, इन्कॉर्पोरेटैड न्यूयॉर्क-10, की अनुज्ञा से डी स्ट्रुइक कृत 'ए कॉन्साइज हिस्ट्री ऑफ मैथैमैटिक्स (1.75 डॉलर) से प्रत्युत्पादित।)

पास्कल (1626-62)

(डोवर पब्लिकेशंस, इन्कॉर्पोरेटैड न्यूयॉर्क-10, की अनुज्ञा से डी स्ट्रइक कृत 'ए कॉन्साइज हिस्ट्री ऑफ मॅथैमैटिक्स (1.75 डॉलर) से प्रत्युत्पादित।)

माँजे (1743-1818)

(डोवर पब्लिकेशंस, इन्कॉर्पोरेटैड न्यूयॉर्क-10, की अनुज्ञा से डी स्ट्रुइक कृत 'ए कॉन्साइज हिस्ट्री ऑफ मैथैमैटिक्स (1.75 डॉलर) से प्रत्युत्पादित।)

गाउस (1777-1855)

(डोवर पब्लिकेशंस, इन्कॉर्पोरेटेड न्यूयॉर्क-10, की अनुज्ञा से डी स्ट्रुइक कृत 'ए कॉन्साइज हिस्ट्री ऑफ मैथैमैटिक्स (1.75 डॉलर) से प्रत्युत्पादित।)

स्टेनर (1796-1863)

(डोवर पब्लिकेशंस, इन्कॉर्पोरेटेड न्यूयॉर्क-10, की अनुज्ञा से डी स्ट्रुइक कृत 'ए कॉन्साइज हिस्ट्री ऑफ मैथैमैटिक्स (1.75 डॉलर) से प्रत्युत्पादित।)

लोबाच्यूस्की (1793-1856)
(डोवर पब्लिकेशंस, इन्कॉर्पोरेटेड न्यूयॉर्क-10, की अनुज्ञा से डी स्ट्रुइक कृत 'ए कॉन्साइज हिस्ट्री ऑफ मॅथैमैटिक्स (1.75 डॉलर) से प्रत्युत्पादित।)

त्रिकोणमिति चित्रावली

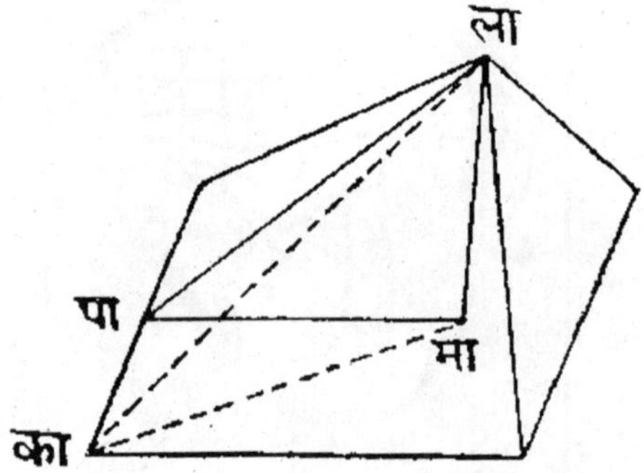

धूप घड़ी के लिए समसूची-स्तम्भ

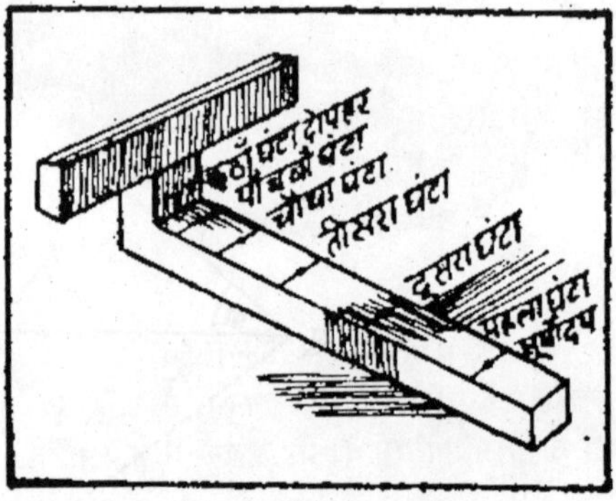

मिस्र की प्राचीन धूप घड़ी।
(इनसाइक्लोपीडिया ब्रिटेनिका से।)

हैम घड़ी लगभग 59 ई. की।
(इन्साइक्लोपीडिया ब्रिटेनिका से।)

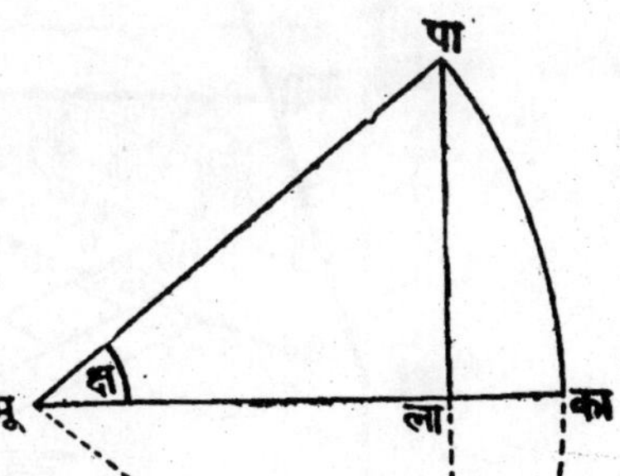

धूप घड़ी के लिए त्रिकोणमितीय फलन।

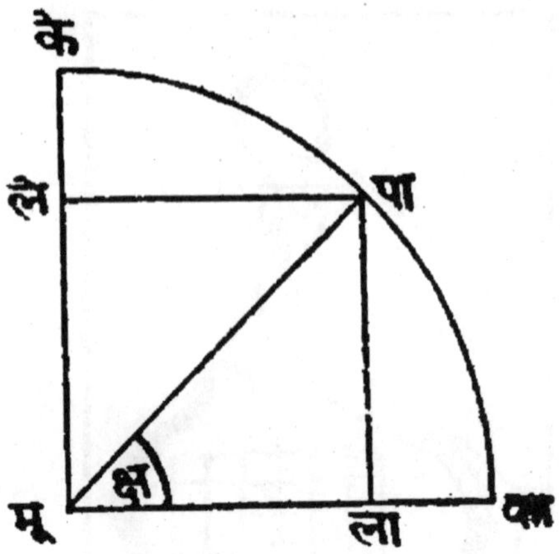

त्रिकोणमितीय कोटिज्या

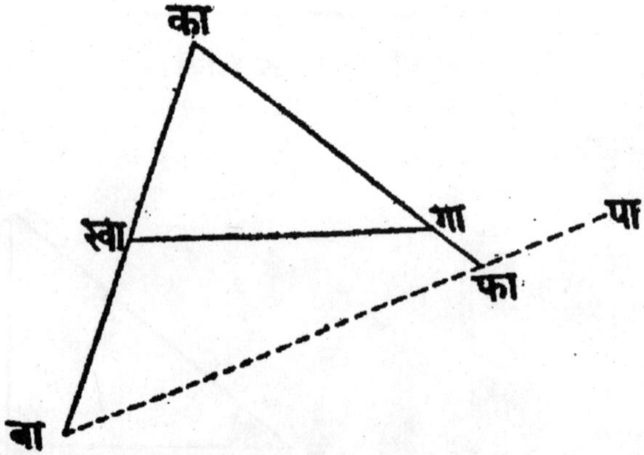

मैनिलॉज का समतल त्रिभुज प्रमेय।

कलन और फलन सिद्धान्तों की चित्रावली

सुधाकर द्विवेदी (1860-1922)

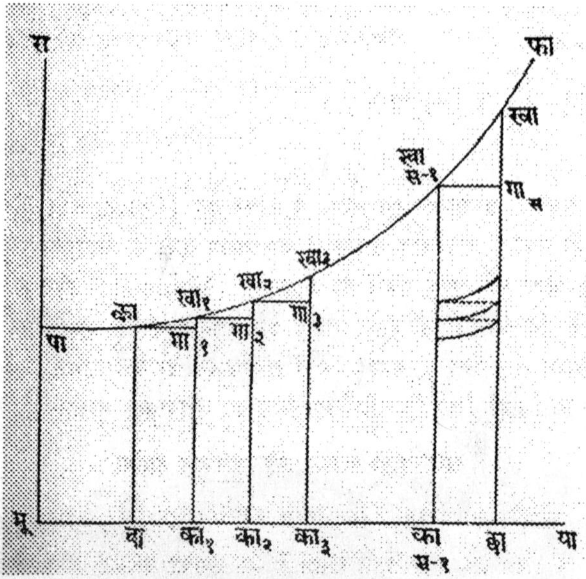

अनुकलन का एक ज्यामितीय वक्र।

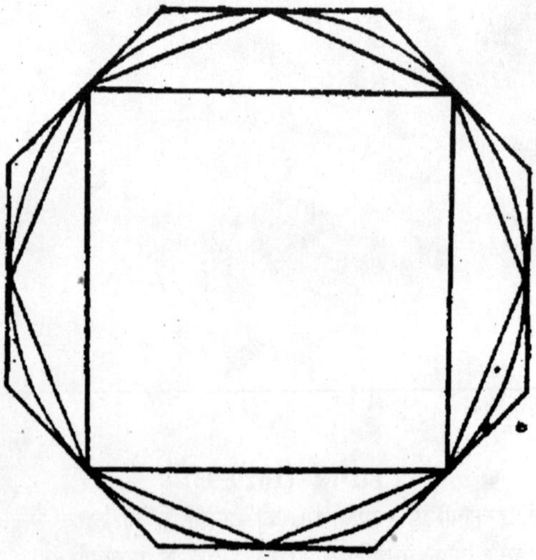

निःशेषण विधि का एक अष्टभुज।

हाइगेस (1629-95)
(डोवर पब्लिकेशंस, इन्कॉर्पोरेटेड न्यूयॉर्क-10, की अनुज्ञा से डी स्ट्रुइक कृत 'ए कॉन्साइज हिस्ट्री ऑफ मॅथैमैटिक्स (1.75 डॉलर) से प्रत्युत्पादित।)

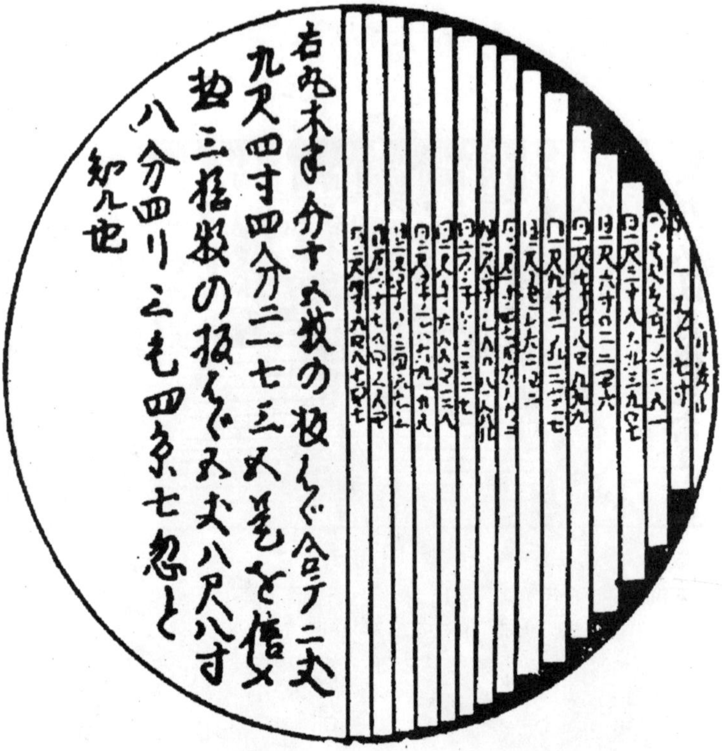

जापान में कलन का उद्भव।

(जिन एण्ड कंपनी की अनुमति से डेविड यूजीन स्मिथ कृत 'हिस्ट्री ऑफ मैथेमैटिक्स' से प्रत्युत्पादित।)

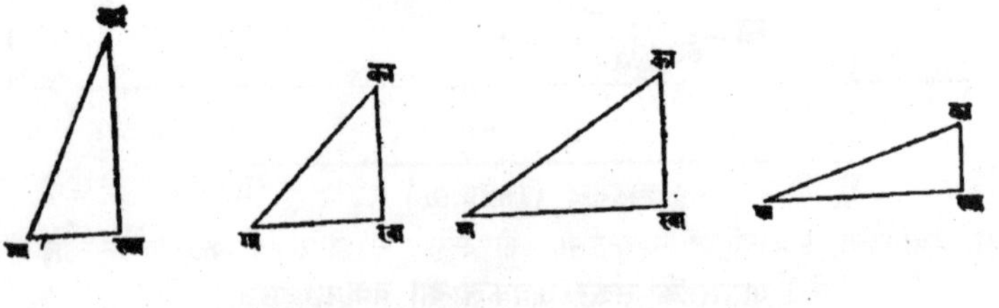

किसी ज्यामितीय रेखा की ढाल नापना।

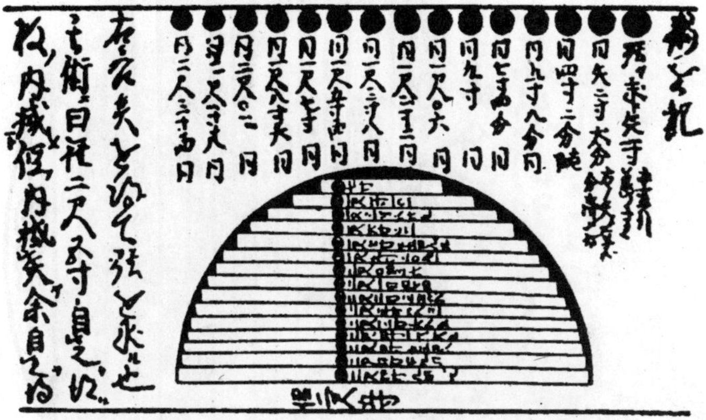

जापान में कलन का उद्भव (1687 के एक जापानी ग्रन्थ से)
(जिन एण्ड कंपनी की अनुमति से डेविड यूजीन स्मिथ कृत 'हिस्ट्री ऑफ मैथेमैटिक्स' से प्रत्युत्पादित।)

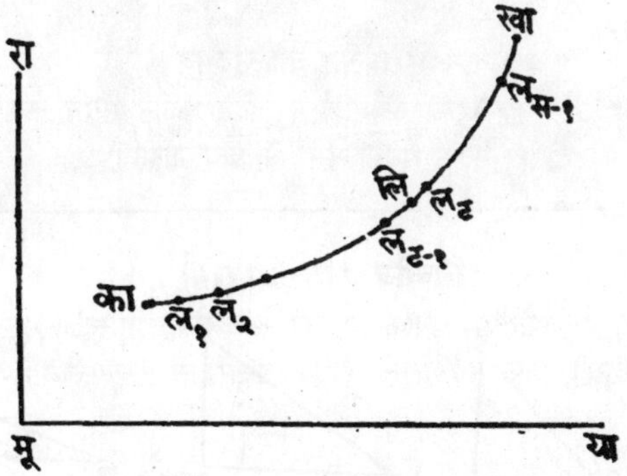

गाउस के संकर अवकल का वक्र।

लिब्नीज़ (1646-1716)

(डोवर पब्लिकेशंस, इन्कॉर्पोरेटैड न्यूयॉर्क-10, की अनुज्ञा से डी स्ट्रुइक कृत 'ए कॉन्साइज हिस्ट्री ऑफ मॅथैमैटिक्स (1.75 डॉलर) से प्रत्युत्पादित।)

I.

NOVA METHODUS PRO MAXIMIS ET MINIMIS, ITEMQUE TANGENTIBUS, QUAE NEC FRACTAS NEC IRRATIONALES QUANTITATES MORATUR, ET SINGULARE PRO ILLIS CALCULI GENUS*).

Sit (fig. 111) axis AX, et curvae plures, ut VV, WW, YY, ZZ, quarum ordinatae ad axem normales, VX, WX, YX, ZX, quae vocentur respective v, w, y, x, et ipsa AX, abscissa ab axe, vocetur x. Tangentes sint VB, WC, YD, ZE, axi occurrentes respective in punctis B, C, D, E. Jam recta aliqua pro arbitrio assumta vocetur dx, et recta, quae sit ad dx, ut v (vel w, vel y, vel z) est ad XB (vel XC, vel XD, vel XE) vocetur dv (vel dw, vel dy, vel dz) sive differentia ipsarum v (vel ipsarum w, vel y, vel z). His positis, calculi regulae erunt tales.

Sit a quantitas data constans, erit da aequalis 0, et $d\overline{ax}$ erit aequalis adx. Si sit y aequ. v (seu ordinata quaevis curvae YY aequalis cuivis ordinatae respondenti curvae VV) erit dy aequ. dv. Jam *Additio et Subtractio*: si sit z — y + w + x aequ. v, erit $d\overline{z - y + w + x}$ seu dv aequ. dz — dy + dw + dx. *Multiplicatio*: $d\overline{xv}$ aequ. xdv + vdx, seu posito y aequ. xv, fiet dy aequ. xdv + vdx. In arbitrio enim est vel formulam, ut xv, vel compendio pro ea literam, ut y, adhibere. Notandum, et x et dx eodem modo in hoc calculo tractari, ut y et dy, vel aliam literam indeterminatam cum sua differentiali. Notandum etiam, non dari semper regressum a differentiali Aequatione, nisi cum quadam cautione, de quo alibi.

Porro *Divisio*: $d\frac{v}{y}$ vel (posito z aequ. $\frac{v}{y}$) dz aequ. $\frac{\pm vdy \mp ydv}{yy}$.

Quoad *Signa* hoc probe notandum, cum in calculo pro litera substituitur simpliciter ejus differentialis, servari quidem eadem signa, et pro + z scribi + dz, pro — z scribi — dz, ut ex addi-

*) Act. Erud. Lips. an. 1684.

लिब्नीज़ का कलन पर पहला अभिपत्र

(डोवर पब्लिकेशंस, इन्कॉर्पोरेटैड न्यूयॉर्क-10, की अनुज्ञा से डी स्ट्रुइक कृत 'ए कॉन्साइज हिस्ट्री ऑफ मैथैमैटिक्स (1.75 डॉलर) से प्रत्युत्पादित।)

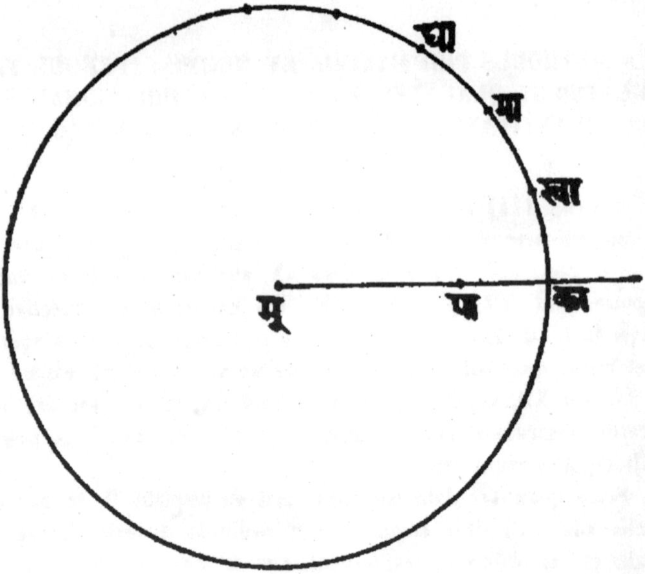

कोट्य के एक प्रमेय का वृत्त।

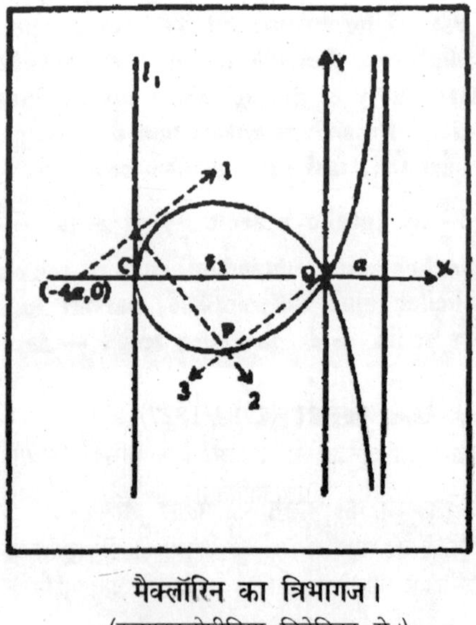

मैक्लॉरिन का त्रिभागज।

(इन्साइक्लोपीडिया ब्रिटेनिका से।)

लॅप्लास (1794-1827)
(स्क्रिप्टा मॅथैमॅटिका की अनुज्ञा से 'पोर्ट्रेट्स ऑफ ऐमिनेण्ट मॅथेमॅटीशियंस' से प्रत्युत्पादित।)

जॅकोबी (1804-51)

हैमिल्टन (1805-65)
(स्क्रिप्टा मॅथैमॅटिका की अनुज्ञा से 'पोट्रेट्स ऑफ ऐमिनेण्ट मॅथेमॅटीशियंस' से प्रत्युत्पादित।)

पॉऐन्कारे (1854-1912)

(डोवर पब्लिकेशंस, इन्कॉर्पोरेटैड न्यूयॉर्क-10, की अनुज्ञा से डी स्ट्रुइक कृत 'ए कॉन्साइज हिस्ट्री ऑफ मॅथैमैटिक्स (1.75 डॉलर) से प्रत्युत्पादित।)

वीर्स्ट्रास (1815-97)

(डोवर पब्लिकेशंस, इन्कॉर्पोरेटैड न्यूयॉर्क-10, की अनुज्ञा से डी स्ट्रुइक कृत 'ए कॉन्साइज हिस्ट्री ऑफ मॅथैमैटिक्स (1.75 डॉलर) से प्रत्युत्पादित।)

सिल्वेस्टर (1814-97)

(डोवर पब्लिकेशंस, इन्कॉर्पोरेटेड न्यूयॉर्क-10, की अनुज्ञा से डी स्ट्रुइक कृत 'ए कॉन्साइज हिस्ट्री ऑफ मॅथैमैटिक्स (1.75 डॉलर) से प्रत्युत्पादित।)

सिल्वैस्टर (1814-97)

(डोवर पब्लिकेशंस, इन्कॉर्पोरेटैड न्यूयॉर्क-10, की अनुज्ञा से डी स्ट्रुइक कृत 'ए कॉन्साइज हिस्ट्री ऑफ मॅथैमैटिक्स (1.75 डॉलर) से प्रत्युत्पादित।)

स्टील्टजैज़ (1856-94)

(डोवर पब्लिकेशंस, इन्कॉर्पोरेटैड न्यूयॉर्क-10, की अनुज्ञा से डी स्ट्रुइक कृत 'ए कॉन्साइज हिस्ट्री ऑफ मॅथैमैटिक्स (1.75 डॉलर) से प्रत्युत्पादित।)

रीमान (1826-66)

(डोवर पब्लिकेशंस, इन्कॉर्पोरेटेड न्यूयॉर्क-10, की अनुज्ञा से डी स्ट्रइक कृत 'ए कॉन्साइज हिस्ट्री ऑफ मॅथैमैटिक्स (1.75 डॉलर) से प्रत्युत्पादित।)

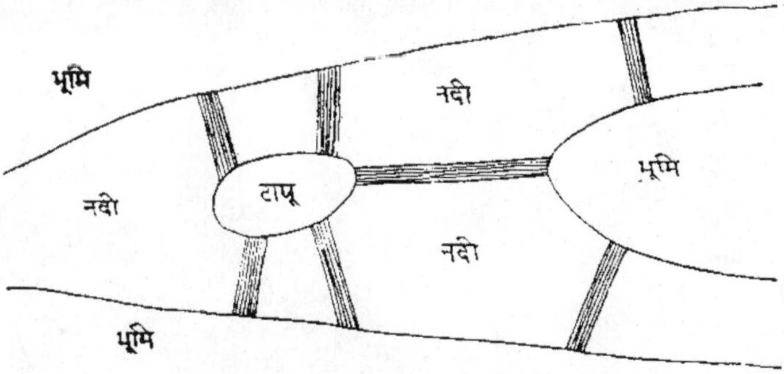

कॉनिग्सबर्ग नगर में नदी के सात पुल

रीमानी तल

कॅण्टर (1845-1918)

(डोवर पब्लिकेशंस, इन्कॉर्पोरेटेड न्यूयॉर्क-10, की अनुज्ञा से डी स्ट्रुइक कृत 'ए कॉन्साइज हिस्ट्री ऑफ मॅथैमैटिक्स (1.75 डॉलर) से प्रत्युत्पादित।)